AF276957

RAT 2025

REGLAMENTO SOBRE CONDICIONES TÉCNICAS Y GARANTÍAS DE
SEGURIDAD EN INSTALACIONES ELÉCTRICAS DE ALTA TENSIÓN

Y SUS INSTRUCCIONES TÉCNICAS COMPLEMENTARIAS
ITC-RAT 01 A 23

Y GUÍAS TÉCNICAS DE APLICACIÓN
ITC-RAT 03, ITC-RAT 07, ITC-RAT 14, E ITC-RAT 23

RAT 2025

REGLAMENTO SOBRE CONDICIONES TÉCNICAS Y GARANTÍAS DE SEGURIDAD EN INSTALACIONES ELÉCTRICAS DE ALTA TENSIÓN

y sus Instrucciones Técnicas Complementarias ITC-RAT 01 A 23

y Guías Técnicas de Aplicación ITC-RAT 03, ITC-RAT 07, ITC-RAT 14, e ITC-RAT 23

Real Decreto 337/2014, de 9 de mayo
Reglamento sobre condiciones técnicas y garantías de seguridad en instalaciones eléctricas de alta tensión
Instrucciones Técnicas Complementarias ITC-RAT 01 a 23
Guía Técnica de aplicación de la ITC-RAT 03
Guía Técnica de aplicación de la ITC-RAT 07
Guía aclaratoria ITC-RAT 14
Guía Técnica de aplicación de la ITC-RAT 23
Corrección errores Real Decreto 337/2014 de 9 de junio 2014
Modificaciones publicadas por el Real Decreto 542/2020
Modificaciones publicadas por el Real Decreto 298/2021
Modificaciones publicadas por el Real Decreto 809/2021
Actualización normas de ITC RAT-02 por Resolución 18/09/2025
Modificaciones publicadas por el Real Decreto 770/2025

INCLUYE

RAT 2025
Reglamento sobre condiciones técnicas y garantías de seguridad en instalaciones eléctricas de alta tensión y sus Instrucciones Técnicas Complementarias ITC-RAT 01 a 23
Ministerio de Industria, Energía y Turismo **ISBN:** 978-84-1903-496-0 **IBERGARCETA PUBLICACIONES, S.L., Madrid, 2025** **Edición:** 3.ª **Nº de páginas:** 298 **Formato:** 17×24 **Materia IBIC:** THR Ingeniería eléctrica.

Reservados los derechos para todos los países de lengua española. De conformidad con lo dispuesto en el artículo 270 y siguientes del código penal vigente, podrán ser castigados con penas de multa y privación de libertad quienes reprodujeren o plagiaren, en todo o en parte, una obra literaria, artística o científica fijada en cualquier tipo de soporte sin la preceptiva autorización. Ninguna parte de esta publicación, incluido el diseño de la cubierta, puede ser reproducida, almacenada o trasmitida de ninguna forma, ni por ningún medio, sea éste electrónico, químico, mecánico, electro-óptico, grabación, fotocopia o cualquier otro, sin la previa autorización escrita por parte de la editorial.

Diríjase a CEDRO (Centro Español de Derechos Reprográficos), www.cedro.org, si necesita fotocopiar o escanear algún fragmento de esta obra.

RAT 2025. Reglamento sobre condiciones técnicas y garantías de seguridad en instalaciones eléctricas de alta tensión y sus Instrucciones Técnicas Complementarias ITC-RAT 01 a 23

ISBN: 978-84-1903-496-0

COPYRIGHT © 2025 Ibergarceta Publicaciones, S.L.

info@garceta.es

Edición: 3.ª

Impresión: 2.ª

Depósito legal: M-20473-2025

Impresión: Imprenta Valle del Tiétar, S.L.

OI: 0150/2026

IMPRESO EN ESPAÑA-PRINTED IN SPAIN

Nota sobre enlaces a páginas web ajenas: Este libro puede incluir referencias a sitios web gestionados por terceros y ajenos a IBERGARCETA PUBLICACIONES, SL, que se incluyen sólo con finalidad informativa. IBERGARCETA PUBLICACIONES, SL, no asume ningún tipo de responsabilidad por los daños y perjuicios derivados del uso de los datos personales que pueda hacer un tercero encargado del mantenimiento de las páginas web ajenas a IBERGARCETA PUBLICACIONES, SL, y del funcionamiento, accesibilidad y mantenimiento de los sitios web no gestionados por IBERGARCETA PUBLICACIONES, SL, directamente. Las referencias se proporcionan en el estado en que se encuentran en el momento de publicación sin garantías expresas o implícitas, sobre la información que se proporcione en ellas.

CONTENIDO

REAL DECRETO 337/2014

DE 9 DE MAYO
POR EL QUE SE APRUEBAN
EL REGLAMENTO SOBRE CONDICIONES
TÉCNICAS Y GARANTÍAS DE SEGURIDAD
EN INSTALACIONES ELÉCTRICAS
DE ALTA TENSIÓN
Y SUS INSTRUCCIONES TÉCNICAS
COMPLEMENTARIAS ITC-RAT 01 A 23

El vigente Reglamento sobre condiciones técnicas y garantías de seguridad en centrales eléctricas, subestaciones y centros de transformación fue aprobado por el Real Decreto 3275/1982, de 12 de noviembre. La autorización administrativa previa a su realización se regía entonces por el Decreto 2617/1966, de 20 de octubre, sobre instalaciones eléctricas; la expropiación forzosa se posibilitaba por Ley 10/1966, de 18 de marzo y su Reglamento, aprobado por Decreto 2619/1966, de 20 de octubre, los cuales, a su vez, regulaban el ejercicio de la potestad sancionadora. Asimismo, para determinar las condiciones de mantenimiento e inspecciones periódicas se recurría al artículo 92 del Reglamento de Verificaciones Eléctricas y Regularidad en el Suministro de Energía, aprobado por Decreto de 12 de marzo de 1954, en la redacción dada por el Real Decreto 724/1979, de 2 de febrero.

El propio marco técnico en que se promulgó ese reglamento ha variado considerablemente, con la introducción de nuevos materiales, técnicas, procedimientos y necesidades sociales.

Mucho mayor aún ha sido la variación experimentada en el ordenamiento jurídico, como consecuencia, fundamentalmente, de la adhesión de España a la Comunidad Europea, el progresivo traspaso de las funciones de autorización administrativa desde la Administración General del Estado a las Comunidades Autónomas cuando se trata de instalaciones ubicadas exclusivamente en sus respectivos territorios, y la necesidad de coordinación en los demás casos, o la necesidad de cumplir la liberalización económica que, como en otros campos, se ha materializado de manera espectacular en el ámbito energético en general y el sector eléctrico en particular, obligando a adaptar todos los procedimientos y agentes intervinientes.

En el desarrollo constitucional hay que considerar la promulgación de dos leyes básicas que se aplican a las instalaciones incluidas en el Reglamento sobre condiciones técnicas y garantías de seguridad en instalaciones eléctricas de alta tensión que ahora se aprueba: con carácter sectorial, la reciente Ley 24/2013, de 26 de diciembre, del Sector Eléctrico, y con carácter horizontal, pero especialmente en materia de seguridad, la Ley 21/1992, de 16 de julio, de Industria. La referida Ley de Industria fue modificada por la Ley 25/2009, de 22 de diciembre, como consecuencia de la aplicación de la Directiva 2006/123/CE del Parlamento Europeo y del Consejo, de 12 de diciembre de 2006, relativa a los servicios en el mercado interior, traspuesta al ordenamiento legal español por la Ley 17/2009, de 23 de noviembre, sobre el libre acceso a las actividades de servicios y su ejercicio.

Así, por ejemplo, el artículo 3 de la Ley 24/2013, de 26 de diciembre, confiere a la Administración General del Estado la competencia para establecer los requisitos de calidad y seguridad que han de regir el suministro de energía eléctrica, así como autorizar las instalaciones siguientes eléctricas:

- Instalaciones peninsulares de producción de energía eléctrica, incluyendo sus infraestructuras de evacuación, de potencia eléctrica instalada superior a 50 MW eléctricos, instalaciones de transporte primario peninsular y acometidas de tensión igual o superior a 380 kV.

- Instalaciones de producción incluyendo sus infraestructuras de evacuación, transporte secundario, distribución, acometidas y líneas directas, que excedan del ámbito territorial de una Comunidad Autónoma, así como las líneas directas conectadas a instalaciones de generación de competencia estatal.

- Instalaciones de producción ubicadas en el mar territorial.

- Instalaciones de producción de potencia eléctrica instalada superior a 50 MW eléctricos ubicadas en los territorios no peninsulares, cuando sus sistemas eléctricos estén efectivamente integrados con el sistema peninsular.

- Instalaciones de transporte primario y acometidas de tensión nominal igual o superior a 380 kV ubicadas en los territorios no peninsulares, cuando estos estén conectados eléctricamente con el sistema peninsular.

Por otra parte, el artículo 53.9 de la referida Ley del Sector Eléctrico remite a lo previsto en la citada Ley 21/1992 de 16 de julio, ya que establece que las instalaciones de producción, transporte, distribución de energía eléctrica y líneas directas, las destinadas a su recepción por los usuarios, los equipos de consumo, así como los elementos técnicos y materiales para las instalaciones eléctricas deberán ajustarse a las correspondientes normas técnicas de seguridad y calidad industriales, de conformidad a lo previsto en la Ley 21/1992, de 16 de julio, de Industria, y demás normativa que resulte de aplicación. El mismo artículo 53, en su apartado 6, indica, igualmente que las autorizaciones administrativas serán otorgadas por la Administración competente, sin perjuicio de las concesiones y autorizaciones que sean necesarias de acuerdo con otras disposiciones que resulten aplicables y en especial las relativas a la ordenación del territorio y al medio ambiente.

Otros aspectos a destacar de la referida Ley del Sector Eléctrico son que su título X incorpora un régimen sancionador que cubre infracciones también en el ámbito del reglamento que ahora se aprueba.

En lo que se refiere a la Ley 21/1992, de 16 de julio, de Industria, su título III regula la seguridad y calidad industriales y, más concretamente, el capítulo I de dicho título está dedicado a la seguridad industrial, definiéndola y determinando sus objetivos.

Así, el artículo 12 de la referida Ley de Industria, se refiere, específicamente, a los reglamentos de seguridad, los cuales deberán establecer los requisitos de seguridad de las instalaciones, los procedimientos de conformidad con las mismas, las responsabilidades de los titulares y las condiciones de equipamiento, medios y capacidad técnica que deben reunir los agentes intervinientes en las distintas fases en relación con las instalaciones, así como la posibilidad de su control mediante inspecciones periódicas.

De acuerdo con el apartado 5 del citado artículo 12, los reglamentos de seguridad de ámbito estatal se aprobarán por el Gobierno de la Nación, sin perjuicio de que las Comunidades Autónomas puedan introducir requisitos adicionales sobre las mismas materias, cuando se trate de instalaciones radicadas en su territorio.

Por su parte, el artículo 15 de la Ley 21/1992, de 16 de julio, de Industria, define las características y requisitos que deben reunir los organismos de control, como entidades encargadas de llevar a cabo las inspecciones reglamentarias.

Además, en su título V, esta misma norma legal determina el régimen de infracciones y sanciones en materia de industria y, en particular, sobre cuestiones relacionadas con la seguridad de las instalaciones.

El transporte, la distribución y la generación de energía eléctrica en alta tensión, requiere de instalaciones singulares como son las centrales eléctricas, las subestaciones y los centros de transformación, que se unen entre sí mediante líneas eléctricas de alta tensión. El Real Decreto 223/2008 de 15 de febrero, aprobó el Reglamento sobre condiciones técnicas y garantías de seguridad en líneas eléctricas de alta tensión, estableciendo o actualizando las condiciones técnicas para garantizar la seguridad de cualquier línea de alta tensión, sea aérea o subterránea. Para disponer de un cuerpo normativo completo, resulta necesario complementar dicha reglamentación con los requisitos de seguridad industrial adaptados al progreso de la técnica, aplicables a las instalaciones de alta tensión.

Teniendo en cuenta este marco legal, mediante este real decreto se aprueba un conjunto normativo que, en línea con otros vigentes en materia de seguridad industrial, adopta la forma de un reglamento que contiene las disposiciones técnicas y administrativas generales, así como unas instrucciones técnicas complementarias (denominadas ITC-RAT) que desarrollan y concretan las previsiones del primero para materias específicas.

El Reglamento sobre condiciones técnicas y garantías de seguridad en instalaciones eléctricas de alta tensión que se aprueba establece que sus prescripciones y las de sus instrucciones técnicas complementarias deben tener la consideración de mínimos, de acuerdo con el estado de la técnica, pero admite ejecuciones distintas de las previstas siempre que ofrezcan niveles de seguridad que puedan considerarse, al menos, equivalentes. Igualmente declara de obligado cumplimiento ciertas normas relativas, especialmente, al diseño de materiales y equipos. Dado que dichas normas proceden en su mayor parte de las normas europeas (EN) y de la Comisión Electrotécnica Internacional (IEC), se consigue rápidamente disponer de soluciones técnicas en sintonía con lo aplicado en los países más avanzados y que reflejan un alto grado de consenso en el sector.

Con la finalidad de permitir su puesta al día, en el texto de las instrucciones únicamente se citan las normas por sus números de referencia, sin el año de edición. En una instrucción elaborada con dicho propósito se recoge toda la lista de las normas, esta vez con el año de edición, a fin de que, cuando aparezcan nuevas versiones, se puedan hacer los respectivos cambios en dicha lista, quedando automáticamente actualizadas en el texto dispositivo, sin necesidad de otra intervención. En ese momento también se pueden establecer los plazos para la transición entre las versiones, de tal manera que los fabricantes y distribuidores de material eléctrico puedan dar salida, en un tiempo razonable, a los productos fabricados de acuerdo con la versión de la norma anulada.

Para poner de manifiesto que los materiales y equipos que vayan a incorporarse en las instalaciones eléctricas de alta tensión cumplen con las normas y especificaciones reglamentarias el fabricante deberá preparar un expediente técnico de construcción, tal y como se exige para otros equipos dentro del ámbito de aplicación de numerosas directivas europeas, como por ejemplo la directiva de baja tensión.

La conformidad de los equipos y materiales con las normas y especificaciones técnicas aplicables se presupondrá cuando éstos dispongan de marcas o certificados de conformidad emitidos con respecto a dichas normas por entidades acreditadas para tal fin, según los procedimientos establecidos

5

en el Real Decreto 2200/1995, de 28 de diciembre, por el que se aprueba el Reglamento de la Infraestructura para la Calidad y la Seguridad Industrial.

No obstante, una vez más, el reglamento resulta flexible en su exigencia, ya que permite la utilización de otros materiales y equipos que no se ajusten a dichas normas pero que confieran una seguridad equivalente, con expreso reconocimiento de aquéllos que se comercialicen legalmente en los Estados signatarios del Acuerdo sobre el Espacio Económico Europeo y en cualquier otro con el cual exista un acuerdo al efecto.

Serán las empresas de producción, transporte y distribución de energía eléctrica las que se responsabilicen de la ejecución, mantenimiento y verificación de las instalaciones de su propiedad.

Con el objetivo de posibilitar la ejecución de las instalaciones eléctricas de alta tensión que no sean propiedad de empresas de producción, transporte y distribución de energía eléctrica, se introducen las figuras de instalador y empresa instaladora de instalaciones de alta tensión, que hasta ahora no habían sido definidas, estableciendo 2 categorías, según se pretenda ejecutar instalaciones con tensión nominal hasta 30 kV o de más de 30 kV. Se exige también que el titular contrate el mantenimiento de la instalación, a fin de garantizar su debido estado de conservación y funcionamiento. Complementariamente, se prevé la inspección periódica de las instalaciones, cada tres años, como mínimo, por organismos de control.

Todo ello, con independencia de la necesidad de un proyecto previo y dirección de obra por titulado competente.

El real decreto encarga al centro directivo competente en materia de seguridad industrial del Ministerio de Industria, Energía y Turismo, la elaboración de una guía técnica, como ayuda a los distintos agentes afectados, para la mejor comprensión de las prescripciones reglamentarias.

La ITC-RAT 21 regula la actividad de los profesionales y empresas instaladoras de instalaciones de alta tensión, en línea con la Directiva 2006/123/CE del Parlamento Europeo y del Consejo, de 12 de diciembre de 2006, relativa a los servicios en el mercado interior, y con la Ley 17/2009, de 23 de noviembre, sobre el libre acceso a las actividades de servicios y su ejercicio. Con relación a la libre prestación de servicios en España por parte de las empresas instaladoras legalmente establecidas en otros Estados miembros de la Unión Europea se requiere una declaración responsable sobre el cumplimiento de los requisitos de:

- ejercicio de la actividad,

- cualificación profesional de los profesionales que se desplazan acorde con el Real Decreto 1837/2008, de 8 de noviembre, por el que se incorporan al ordenamiento jurídico español la Directiva 2005/36/CE, del Parlamento Europeo y del Consejo, de 7 de septiembre de 2005, y la Directiva 2006/100/CEE, del Consejo, de 20 de noviembre de 2006, relativas al reconocimiento de cualificaciones profesionales, así como a determinados aspectos del ejercicio de la profesión de abogado,

- empleo de medios técnicos específicos acordes con este Reglamento, y

- disponibilidad de un seguro o garantía profesional de la empresa instaladora.

Tales requisitos se consideran necesarios y proporcionados para proteger riesgos para la salud y seguridad inherentes a estas instalaciones.

Esta regulación tiene carácter de normativa básica y recoge previsiones de carácter exclusiva y marcadamente técnico, por lo que la ley no resulta un instrumento idóneo para su establecimiento y se encuentra justificada su aprobación mediante real decreto.

Este real decreto constituye una norma reglamentaria sobre seguridad industrial en instalaciones energéticas que, de acuerdo con lo establecido en la Ley 21/1992, de 16 de julio, de Industria y Ley 24/2013, de 26 de diciembre, del Sector Eléctrico, se dicta al amparo de lo dispuesto en las reglas 13ª y 25ª del artículo 149.1 de la Constitución Española, que atribuyen al Estado las competencias exclusivas sobre bases y coordinación de la planificación general de la actividad económica y sobre bases del régimen minero y energético, respectivamente.

Durante su tramitación, este real decreto ha sido sometido al trámite de audiencia que prescribe la Ley 50/1997, de 27 de noviembre, del Gobierno, y al procedimiento de información de normas y reglamentaciones técnicas y de reglamentos relativos a la sociedad de la información, regulado por Real Decreto 1337/1999, de 31 de julio, a los efectos de dar cumplimiento a lo dispuesto en la Directiva 98/34/CE, del Parlamento Europeo y del Consejo, de 22 de junio, modificada por la Directiva 98/48/CE, del Parlamento Europeo y del Consejo, de 20 julio.

En su virtud, a propuesta del Ministro de Industria, Energía y Turismo, de acuerdo con el Consejo de Estado, previa deliberación del Consejo de Ministros en su reunión del día.

DISPONGO:

Artículo único. *Aprobación del Reglamento y sus instrucciones técnicas complementarias.*

Se aprueba el Reglamento sobre condiciones técnicas y garantías de seguridad en instalaciones eléctricas de alta tensión y sus instrucciones técnicas complementarias ITC-RAT 01 a 23, que se incluyen a continuación.

Disposición adicional primera. *Cobertura de garantía de responsabilidad civil suscrita en otro Estado.*

Cuando una empresa instaladora de alta tensión que se establece o ejerce la actividad en España, ya esté cubierta por un seguro de responsabilidad civil profesional u otra garantía equivalente o comparable en lo esencial en cuanto a su finalidad y a la cobertura que ofrezca en términos de riesgo asegurado, suma asegurada o límite de la garantía en otro Estado miembro de la UE en el que ya esté establecido, se considerará cumplida la exigencia establecida en el apartado c) del artículo 5.8 de la ITC-RAT 21 aprobada por este real decreto. Si la equivalencia con los requisitos es sólo parcial, la empresa instaladora deberá ampliar el seguro o garantía equivalente hasta completar las condiciones exigidas. En el caso de seguros u otras garantías suscritas con entidades aseguradoras y entidades de crédito autorizadas en otro Estado miembro, se aceptarán a efectos de acreditación los certificados emitidos por éstas.

Disposición adicional segunda. *Aceptación de documentos de otros Estados miembros a efectos de acreditación del cumplimiento de requisitos.*

A los efectos de acreditar el cumplimiento de los requisitos exigidos a las empresas instaladoras de alta tensión, se aceptarán los documentos procedentes de otro Estado miembro de los que se desprenda que se cumplen tales requisitos, en los términos previstos en el artículo 17 de la Ley 17/2009, de 23 de noviembre, sobre el libre acceso a las actividades de servicios y su ejercicio.

Disposición adicional tercera. *Modelo de declaración responsable.*

Corresponderá a las Comunidades Autónomas elaborar y mantener disponibles los modelos de declaración responsable para las empresas instaladoras de alta tensión. A efectos de facilitar la introducción de datos en el Registro Integrado Industrial, regulado en el título IV de la Ley 21/1992, de 16 de julio, de Industria, y en su Reglamento de desarrollo, aprobado por Real Decreto 559/2010, de 7 de mayo, el órgano competente en materia de seguridad industrial del Ministerio de Industria, Energía y Turismo elaborará y mantendrá actualizada una propuesta de modelo de declaración responsable, que deberá incluir los datos que se suministrarán al indicado Registro, y que estará disponible en la sede electrónica de dicho Ministerio.

Disposición adicional cuarta. *Obligaciones en materia de información y de reclamaciones.*

Las empresas instaladoras de alta tensión deberán cumplir las obligaciones de información de los prestadores y las obligaciones en materia de reclamaciones establecidas, respectivamente, en los artículos 22 y 23 de la Ley 17/2009, de 23 de noviembre, sobre el libre acceso a las actividades de servicios y su ejercicio.

Disposición adicional quinta. *Guía técnica.*

El órgano directivo competente en materia de seguridad industrial del Ministerio de Industria, Energía y Turismo elaborará y mantendrá actualizada una Guía técnica de carácter no vinculante para la aplicación práctica del Reglamento sobre condiciones técnicas y garantías de seguridad en instalaciones eléctricas de alta tensión y sus instrucciones técnicas complementarias, la cual podrá establecer aclaraciones a conceptos incluidos en uno y otras.

Disposición adicional sexta. *Regularización administrativa de líneas en explotación en el ámbito del Reglamento sobre condiciones técnicas y garantías de seguridad de líneas de alta tensión en la fecha de obligado cumplimiento de este real decreto.*

Las líneas de alta tensión incluidas en el ámbito del Reglamento sobre condiciones técnicas y garantías de seguridad de líneas de alta tensión, aprobado por Real Decreto 223/2008, de 15 de febrero, que en la fecha de obligado cumplimiento de este real decreto estuvieran en explotación y que, por su antigüedad, destrucción de archivos por causas de fuerza mayor, traspasos de activos entre empresas o por otras causas no dispusieren del acta de puesta en servicio, podrán ser regularizadas administrativamente siempre que su titular lo solicite en el plazo de dos años desde la fecha de publicación de este real decreto en el «Boletín Oficial del Estado» y se siga el procedimiento indicado en la disposición transitoria tercera. Si se tratase de una línea que afecte a diferentes provincias, se extenderán nuevas actas de puesta en servicio por cada una de ellas, o en caso de que exista legislación autonómica que lo permita se extenderá una sola acta de puesta en servicio válida para toda la Comunidad autónoma. En el caso de líneas cuya autorización corresponda a la Administración General del Estado, será esta Administración la encargada de la regulación y emisión, en su caso, del acta de puesta en servicio.

Disposición adicional séptima. *Líneas de alta tensión en fase de tramitación en la fecha de obligado cumplimiento del Reglamento de Líneas de Alta Tensión.*

Para aquellas líneas cuyo anteproyecto haya sido realizado de conformidad con el Reglamento de Líneas eléctricas aéreas de alta tensión aprobado por el Decreto 3151/1968, de 28 de noviembre y disposiciones que lo desarrollan, y hubiere sido presentado ante la Administración pública competente antes de los dos años posteriores a la fecha de publicación en el «Boletín Oficial del Estado» del Real Decreto 223/2008, de 15 de febrero, por el que se aprueban el Reglamento sobre condiciones técnicas y garantías de seguridad en líneas eléctricas de alta tensión y sus instrucciones técnicas complementarias ITC-LAT 01 a 09, el titular podrá solicitar una prórroga para la puesta en servicio de la instalación.

La Administración pública competente resolverá expresa e individualizadamente, pudiendo otorgar un plazo de un máximo de dos años, a contar desde la fecha de publicación del presente real decreto en el «Boletín Oficial del Estado», para la consecución del acta de puesta en servicio.

Disposición adicional octava. *Habilitación de instaladores y de empresas instaladoras en alta tensión autorizados o habilitados en el ámbito del Reglamento sobre condiciones técnicas y garantías de seguridad en líneas eléctricas de alta tensión.*

Los instaladores y empresas instaladoras autorizados o habilitados en el ámbito del Reglamento sobre condiciones técnicas y garantías de seguridad en líneas eléctricas de alta tensión, aprobado por Real Decreto 223/2008, de 15 de febrero, que fueron asimismo habilitados o autorizados, de acuerdo con lo indicado por la disposición transitoria cuarta de dicho real decreto, para actuar en el ámbito del Reglamento sobre condiciones técnicas y garantías de seguridad en centrales eléctricas, subestaciones y centros de transformación, aprobado por Real Decreto 3275/1982, de 12 de noviembre, quedarán habilitados de forma indefinida para el Reglamento sobre condiciones técnicas y garantías de seguridad en instalaciones eléctricas, de alta tensión y sus instrucciones técnicas complementarias ITC-RAT 01 a 23, que se aprueban mediante este real decreto, en las categorías AT 1 o AT2, según corresponda.

Disposición transitoria primera. *Exigibilidad de lo dispuesto en el reglamento y sus instrucciones técnicas complementarias.*

1. Lo dispuesto en el Reglamento sobre condiciones técnicas y garantías de seguridad en instalaciones eléctricas de alta tensión, así como en sus instrucciones técnicas complementarias ITC-RAT 01 a ITC-RAT 23, será de obligado cumplimiento para todas las instalaciones incluidas en su ámbito de aplicación, a partir de los dos años de la fecha de su publicación en el «Boletín Oficial del Estado», a excepción del apartado 5 de la ITC-RAT 07, en cuyo caso será a partir de los tres años. Hasta entonces seguirá siendo aplicable el Reglamento sobre condiciones técnicas y garantías de seguridad en centrales eléctricas, subestaciones y centros de transformación, aprobado por Real Decreto 3275/1982, de 12 de noviembre.

2. No obstante, el Reglamento sobre condiciones técnicas y garantías de seguridad que se aprueba por este real decreto, así como sus instrucciones técnicas complementarias ITC-RAT 01 a ITC-RAT 23, se podrán aplicar voluntariamente desde la entrada en vigor de este real decreto.

Disposición transitoria segunda. *Instalaciones en fase de tramitación en la fecha de obligado cumplimiento del reglamento.*

Para aquellas instalaciones cuyo anteproyecto haya sido realizado de conformidad con el Reglamento sobre condiciones técnicas y garantías de seguridad en centrales eléctricas, subestaciones y centros de transformación, aprobado por Real Decreto 3275/1982, de 12 de noviembre y disposiciones que lo desarrollan y modifican, y hubiere sido presentado ante la Administración pública competente antes de la fecha de obligado cumplimiento indicada en la disposición transitoria primera 1, se concede un plazo de dos años, que se contará a partir de la obtención de la autorización administrativa previa y autorización administrativa de construcción, para la consecución de la autorización de explotación. Para aquellas instalaciones que no requieran de autorización administrativa previa, ni de autorización administrativa de construcción, el plazo de dos años se contará a partir de la fecha y registro del proyecto de la instalación ante la Administración pública competente.

Una vez transcurrido el plazo anterior de dos años, el titular podrá solicitar una prórroga adicional de hasta un máximo de dos años para la puesta en servicio de la instalación. La Administración pública competente resolverá expresa e individualmente sobre dicha prórroga.

Disposición transitoria tercera. *Regularización administrativa de instalaciones en explotación en la fecha de obligado cumplimiento del reglamento.*

Las instalaciones que por su antigüedad, destrucción de archivos por causas de fuerza mayor, traspasos de activos entre empresas o por otras causas no dispusieren del acta de puesta en servicio podrán ser regularizadas administrativamente, en el plazo de dos años desde la fecha de publicación de este real decreto, siempre que se siga el procedimiento siguiente:

1º El titular de las instalaciones presentará solicitud de acta de puesta en servicio para la regularización administrativa ante la Administración pública competente. A dicha solicitud se le acompañará un certificado firmado por técnico titulado competente donde se haga constar:

a) Los datos referentes a las principales características técnicas de la instalación.

b) Declaración expresa de que la instalación cumple con la legislación y reglamento aplicable en el momento de su puesta en servicio.

c) La referencia a una memoria anexa al certificado y suscrita por un técnico titulado en la que se detallen las características técnicas, incluyendo al menos ubicación y esquema unifilar.

d) La referencia al acta de inspección favorable en vigor realizada por un organismo de control habilitado en el campo, o al acta de verificación en vigor de la instalación realizada por la empresa titular de la misma si se trata de empresas de producción, transporte o distribución de energía eléctrica, anexa al certificado.

e) Vida útil asignada de la instalación.

f) Medidas urbanísticas y ambientales con objeto de respetar la ordenación de zonas verdes y espacios libres previstos en la legislación del suelo.

2º La nueva acta de puesta en servicio se extenderá por el órgano competente en el plazo de un mes, previas las comprobaciones técnicas que se consideren oportunas. Si se tratase de una instalación que afecte a diferentes provincias, se extenderán nuevas actas de puesta en servicio por cada una de ellas, o en caso de que exista legislación autonómica que lo permita se extenderá una sola acta de puesta en servicio válida para toda la Comunidad autónoma. En el caso de instalaciones cuya autorización corresponda a la Administración General del Estado, será esta Administración la encargada de la regulación y emisión, en su caso, del acta de puesta en servicio.

Disposición transitoria cuarta. Adecuación de otros instaladores y empresas instaladoras.

Los instaladores y empresas instaladoras que a la fecha de entrada en vigor de este real decreto vengan realizando instalaciones eléctricas de alta tensión en el ámbito de aplicación del Reglamento sobre condiciones técnicas y garantías de seguridad en centrales eléctricas, subestaciones y centros de transformación y sus instrucciones técnicas complementarias ITC-RAT 01 a 19, aprobados por Real Decreto 3275/1982, de 12 de noviembre, y no se hubieran acogido a la disposición transitoria cuarta del Real Decreto 223/2008, de 15 de febrero, dispondrán del plazo de un año, a partir de la citada fecha de entrada en vigor, para cumplir los requisitos establecidos en la ITC-RAT 21 "Instaladores y empresas instaladoras de alta tensión".

Disposición derogatoria única. *Derogación normativa.*

1. Queda derogado, sin perjuicio de su aplicación en los términos de la disposición transitoria primera.1, el Real Decreto 3275/1982, de 12 de noviembre, sobre condiciones técnicas y garantías de seguridad en centrales eléctricas, subestaciones y centros de transformación.

2. Asimismo quedan derogadas cuantas disposiciones de igual o inferior rango contradigan lo dispuesto en este real decreto.

Disposición final primera. *Título competencial.*

Este real decreto tiene el carácter básico y se dicta al amparo de la competencia que las reglas 13ª y 25ª del artículo 149.1. de la Constitución, atribuyen al Estado en materia de bases y coordinación de la planificación general de la actividad económica y sobre bases del régimen energético, respectivamente.

Disposición final segunda. *Desarrollo y ejecución.*

El Ministro de Industria, Energía y Turismo dictará, en el ámbito de sus competencias, cuantas disposiciones sean necesarias para el desarrollo y ejecución del presente real decreto.

Disposición final tercera. *Autorización para la modificación de las instrucciones técnicas complementarias.*

Se autoriza al Ministro de Industria, Energía y Turismo para modificar las instrucciones técnicas complementarias del Reglamento sobre condiciones técnicas y garantías de seguridad en instalaciones eléctricas de alta tensión, que se aprueban por el presente real decreto, a fin de mantenerlas adaptadas al progreso de la técnica y en todo caso a las normas del Derecho de la Unión Europea y a las del Derecho internacional.

Disposición final cuarta. *Entrada en vigor.*

Este real decreto entrará en vigor a los seis meses de su publicación en el «Boletín Oficial del Estado», con excepción de las disposiciones adicionales sexta y séptima que entrarán en vigor al día siguiente de la publicación del real decreto en el «Boletín Oficial del Estado».

Dado en Madrid, el 9 de mayo de 2014

JUAN CARLOS R.

El Ministro de Industria, Energía y Turismo
José Manuel Soria López

REGLAMENTO
SOBRE CONDICIONES TÉCNICAS Y GARANTÍAS DE SEGURIDAD EN INSTALACIONES ELÉCTRICAS DE ALTA TENSIÓN

Modificado por el Real Decreto 542/2020[1]

CAPITULO I

Disposiciones generales

Artículo 1. *Objeto.*

Este reglamento tiene por objeto establecer las condiciones técnicas y garantías de seguridad a que han de someterse las instalaciones eléctricas de alta tensión, a fin de:

a) Proteger las personas y la integridad y funcionalidad de los bienes que pueden resultar afectados por las mismas.

b) Conseguir la necesaria calidad en los suministros de energía eléctrica y promover la eficiencia energética.

c) Establecer la normalización precisa para reducir la extensa tipificación que existe en la fabricación de material eléctrico.

d) Facilitar desde la fase de proyecto de las instalaciones su adaptación a los futuros aumentos de carga racionalmente previsibles.

Artículo 2. *Ámbito de aplicación.*

---

[1] Se han modificado los apartados 2 del artículo 12 y el artículo 14 del Reglamento sobre condiciones técnicas y garantías de seguridad en instalaciones eléctricas de alta tensión según el Real Decreto 542/2020.

1. Las disposiciones de este reglamento se aplican a las instalaciones eléctricas de alta tensión, entendiéndose como tales las de corriente alterna trifásica de frecuencia de servicio inferior a 100 Hz, cuya tensión nominal eficaz entre fases sea superior a 1 kV. Aquellas instalaciones en las que se prevea utilizar corriente continua, corriente alterna polifásica o monofásica, deberán ser objeto de una justificación especial por parte del proyectista, el cual deberá adaptar las prescripciones y principios básicos de este reglamento a las peculiaridades del sistema propuesto.

A efectos de este reglamento se consideran incluidas todas las instalaciones eléctricas de conjuntos o sistemas de elementos, componentes, estructuras, aparatos, máquinas y circuitos de trabajo entre los límites de tensión y frecuencia especificados que se utilicen para la producción y transformación de la energía eléctrica o para la realización de cualquier otra transformación energética con intervención de la energía eléctrica.

También se incluyen los circuitos auxiliares asociados a las instalaciones de alta tensión con fines de protección, medida, control, mando y señalización, independientemente de su tensión de alimentación, así como los cuadros de distribución de baja tensión que puedan ser objeto de requisitos técnicos adicionales por el hecho de estar dentro de una instalación de alta tensión.

No será de aplicación este reglamento a líneas de alta tensión, ni a cualquier otra instalación que dentro de su ámbito de aplicación se rija por una reglamentación específica que establezca las condiciones técnicas y garantías de seguridad de la instalación, salvo las instalaciones eléctricas de centrales nucleares que quedan sometidas a las prescripciones de este reglamento y además a su normativa específica.

2. El reglamento se aplicará:

a) a las nuevas instalaciones, a sus modificaciones y a sus ampliaciones.

b) a las instalaciones existentes antes de su entrada en vigor que sean objeto de modificaciones, afectando las disposiciones de este reglamento exclusivamente a la parte de instalación modificada.

c) a las instalaciones existentes antes de su entrada en vigor, en lo referente al régimen de inspecciones que se establecen en el reglamento sobre periodicidad y agentes intervinientes, si bien los criterios técnicos aplicables en dichas inspecciones serán los correspondientes a la reglamentación con la que se aprobaron.

d) a las instalaciones existentes antes de su entrada en vigor, cuando a juicio del órgano competente de la comunidad autónoma, su estado, situación o características impliquen un riesgo grave para las personas o los bienes, o produzcan perturbaciones en el normal funcionamiento de otras instalaciones, salvo que dicho riesgo pueda subsanarse mediante la aplicación de la reglamentación con la que se autorizó la instalación original.

3. Las prescripciones de este reglamento y sus instrucciones técnicas complementarias (en adelante también denominadas ITCs) son de carácter general, unas, y específico, otras. Las específicas sustituirán, modificarán o complementarán a las generales, según los casos.

4. Las prescripciones de este reglamento y sus ITCs se aplicarán sin perjuicio de las disposiciones establecidas en la normativa de prevención de riesgos laborales y en particular, en el Real Decreto 614/2001, de 8 de junio, sobre disposiciones mínimas para la protección de la salud y seguridad de los trabajadores frente al riesgo eléctrico, así como cualquier otra normativa aplicable.

Artículo 3. *Tensiones nominales. Clasificación de las instalaciones.*

Las instalaciones eléctricas incluidas en este reglamento se clasificarán, atendiendo a su tensión nominal, en las categorías siguientes:

a) Categoría especial: Las instalaciones de tensión nominal igual o superior a 220 kV y las de tensión inferior que formen parte de la Red de Transporte de acuerdo con lo establecido en la Ley 24/2013, de 26 de diciembre, del Sector Eléctrico.

b) Primera categoría: Las de tensión nominal inferior a 220 kV y superior a 66 kV.

c) Segunda categoría: Las de tensión nominal igual o inferior a 66 kV y superior a 30 kV.

d) Tercera categoría: Las de tensión nominal igual o inferior a 30 kV y superior a 1 kV.

Si en una instalación existen circuitos o elementos en los que se utilicen distintas tensiones, el conjunto de la instalación se considerará, a efectos administrativos, referido al de mayor tensión nominal.

Cuando en el proyecto de una nueva instalación se considere necesaria la adopción de una tensión nominal superior a 400 kV, la Administración pública competente establecerá la tensión que deba autorizarse.

Artículo 4. *Frecuencia de la red eléctrica nacional.*

La frecuencia nominal obligatoria para las redes de transporte y distribución es de 50 Hz.

Artículo 5. *Compatibilidad con otras instalaciones.*

Las instalaciones de alta tensión deben estar dotadas de los elementos necesarios para que su explotación e incidencias no produzcan perturbaciones anormales en el funcionamiento de otras instalaciones.

Artículo 6. *Cumplimiento de las prescripciones y excepciones.*

1. Se considerará que las instalaciones realizadas de conformidad con las prescripciones de este reglamento proporcionan las condiciones de seguridad que, de acuerdo con el estado de la técnica, son exigibles, a fin de cumplir los objetivos descritos en el artículo 1, cuando se utilizan de acuerdo a las condiciones de funcionamiento previstas.
2. Las prescripciones establecidas en el presente reglamento tendrán la condición de mínimos obligatorios, en el sentido de lo indicado por el artículo 12.5 de la Ley 21/1992, de 16 de julio, de Industria.

3. La Administración pública competente, en atención a situaciones objetivas excepcionales y a solicitud de parte interesada, podrá aceptar, mediante resolución motivada relativa al caso de que se trate, soluciones diferentes a las contenidas en el presente reglamento, cuando impliquen un nivel de seguridad equivalente.

4. A efectos estadísticos y con objeto de prever las eventuales correcciones en la reglamentación, los órganos competentes de la Administración pública remitirán anualmente al órgano competente en materia de seguridad industrial del Ministerio de Industria, Energía y Turismo las soluciones aceptadas basadas en la aplicación del principio de seguridad equivalente.

Artículo 7. *Equivalencia de requisitos.*

Sin perjuicio de lo establecido en el artículo 11 a los efectos de este reglamento, y para la comercialización de productos, sometidos a las reglamentaciones nacionales de seguridad industrial, provenientes de otros Estados, la Administración pública competente deberá reconocer la validez de los certificados y marcas de conformidad con las normas de seguridad industrial y de los protocolos de evaluación de dicha conformidad procedentes o utilizados en Estados miembros de la Unión Europea, Estados signatarios del Acuerdo del Espacio Económico Europeo, Turquía u otros Estados con los cuales existan los correspondientes acuerdos de reciprocidad, siempre que se declare por la mencionada Administración que los agentes que los realizan ofrecen garantías técnicas, profesionales y de independencia e imparcialidad equivalentes a las exigidas por la legislación española y que las disposiciones legales vigentes del Estado, que sirven de base para evaluar la conformidad, comportan unas condiciones técnicas y una garantía de seguridad equivalentes a las exigidas por las correspondientes disposiciones españolas.

Artículo 8. *Normas de obligado cumplimiento*

1. Las ITCs establecen el cumplimiento obligatorio de normas UNE u otras reconocidas internacionalmente, de manera total o parcial, a fin de facilitar la adaptación al estado de la técnica en cada momento.

En la ITC-RAT 02 se recogerá el listado de todas las normas citadas en el texto de las Instrucciones, identificadas por sus títulos y numeración, incluyendo el año de edición.

En las restantes ITCs dicha referencia se realizará, por regla general, sin indicar el año de edición de las normas en cuestión.

2. Cuando una o varias normas varíen su año de edición, o se editen modificaciones posteriores a las mismas, deberán ser objeto de actualización en el listado de normas, mediante resolución del órgano directivo competente en materia de seguridad industrial del Ministerio de Industria, Energía y Turismo, en la que deberá hacerse constar la fecha a partir de la cual la utilización de la antigua edición de la norma dejará de tener efectos reglamentarios.

A falta de resolución expresa, se entenderá que también cumple las condiciones reglamentarias la edición de la norma posterior a la que figure en el listado de normas, siempre que la misma no modifique criterios básicos y se limite a actualizar ensayos o incremente la seguridad intrínseca del material correspondiente.

Artículo 9. *Accidentes.*

Cuando se produzca un accidente o una anomalía en el funcionamiento de una instalación que ocasione víctimas, daños a terceros o situaciones de riesgo, y además de las comunicaciones previstas en la legislación laboral, el propietario de la instalación deberá redactar un informe descriptivo del accidente o anomalía, tanto para determinar sus posibles causas como a efectos estadísticos y de corrección, en su caso, de la reglamentación aplicable. En un tiempo no superior a tres meses desde el accidente o anomalía el propietario de la instalación deberá remitir a los órganos competentes del Ministerio de Industria, Energía y Turismo y de las Comunidades Autónomas, copia de todos los informes realizados.

Artículo 10. *Infracciones y sanciones.*

Los incumplimientos de lo dispuesto en este reglamento se sancionarán de acuerdo con lo dispuesto en el título V de la Ley 21/1992, de 16 de julio, de Industria y, si procede, de lo establecido en el título X de la Ley 24/2013, de 26 de diciembre, del Sector Eléctrico.

Artículo 11. *Equipos y materiales.*

1. Los materiales, aparatos, conjuntos y subconjuntos, integrados en las instalaciones de alta tensión, a las que se refiere este reglamento, cumplirán las normas y especificaciones técnicas que les sean de aplicación y que se establezcan como de obligado cumplimiento en la ITC-RAT 02.

2. Antes de comercializar un equipo o aparato, el fabricante elaborará un expediente técnico que contendrá la documentación necesaria para demostrar el cumplimiento del producto con los requisitos establecidos en las normas y especificaciones técnicas que le sean de aplicación y que se establecen como de obligado cumplimiento en la ITC-RAT 02, así como los requisitos técnicos establecidos en su caso en las instrucciones técnicas del reglamento.

3. El fabricante deberá comercializar el equipo o aparato acompañado de una declaración de conformidad con este reglamento.

4. Si no hubiera norma o especificación aplicable en la ITC-RAT 02, o cuando la aplicación estricta de tales normas no permitiera la solución óptima a un problema, el proyectista de la instalación deberá justificar las variaciones necesarias o proponer otras normas o especificaciones cuya aplicación considere más idónea. En estos casos, el proyectista deberá obtener de forma previa a la elaboración del proyecto de la instalación la autorización de la Administración pública competente.

5. Se incluirán junto con los equipos y materiales las indicaciones necesarias para su correcta instalación y uso, debiendo marcarse con la información que determine la norma de aplicación que se establece en la correspondiente ITC, con las siguientes indicaciones mínimas:

   a) Identificación del fabricante: Razón social y dirección completa del fabricante y en su caso, de su representante legal o del responsable de su comercialización.

   b) Marca y modelo, si procede.

   c) Tensión e intensidad asignada, si procede.

6. Se presumirá la conformidad de los equipos y materiales con las normas y especificaciones técnicas aplicables cuando éstos dispongan de marcas o certificados de conformidad emitidos por una entidad acreditada en este ámbito.

7. La Administración pública competente verificará en sus campañas de inspección de mercado el cumplimiento de las exigencias técnicas de los materiales y equipos sujetos a este reglamento.

Artículo 12. *Proyecto de las instalaciones.*

1. Será obligatoria la presentación de proyecto suscrito por técnico titulado competente para la realización de toda clase de instalaciones de alta tensión, a que se refiere este reglamento.

2. La definición y contenido mínimo de los proyectos y anteproyectos, se determinará en la ITC-RAT 20, sin perjuicio de la facultad de la Administración pública competente para solicitar los datos adicionales que considere necesarios.

Cuando se trate de instalaciones, o parte de las mismas, de carácter repetitivo, propiedad de las empresas de transporte y distribución de energía eléctrica, o para aquellas de los clientes que vayan a ser cedidas, los proyectos tipo podrán ser aprobados y registrados por los órganos competentes de las Comunidades Autónomas, en caso de que se limiten a su ámbito territorial, o por el Ministerio de Industria, Comercio y Turismo, en caso de aplicarse en más de una comunidad autónoma. Estos proyectos tipo incluirán las condiciones técnicas de carácter concreto que sean precisas para conseguir mayor homogeneidad en la seguridad y el funcionamiento de las instalaciones de alta tensión, sin hacer referencia a prescripciones administrativas o económicas. Los proyectos tipo deberán ser completados, inexcusablemente, con los datos específicos concernientes a cada caso, tales como: ubicación, accesos, circunstancias locales, clima, entorno, dimensiones específicas, características de las tierras y de la conexión a la red, así como cualquier otra correspondiente al caso particular.

3. El procedimiento de información pública, aprobación y registro de los proyectos tipo será igual al procedimiento de información pública, aprobación y registro de las especificaciones particulares de las empresas de transporte y distribución eléctrica, descrito en el artículo 14.

Artículo 13. *Interrupción y alteración del servicio.*

1. En los casos o circunstancias en los que se observe riesgo grave e inminente para las personas o cosas se deberá interrumpir el funcionamiento de las instalaciones.

2. La interrupción del funcionamiento de las instalaciones de transporte y distribución de energía eléctrica será decidida, en todo caso, por el operador del sistema y gestor de la red de transporte o por el gestor de la red de distribución, según proceda, conforme los procedimientos de operación vigentes.

Para otras instalaciones, un técnico titulado competente, empresa instaladora u Organismo de Control Habilitado, con la autorización del propietario de la instalación, podrá adoptar, en situación de emergencia, las medidas provisionales que resulten aconsejables, dando cuenta inmediatamente a la Administración pública competente, que fijará el plazo para restablecer las condiciones reglamentarias.

3. Las consecuencias derivadas de cualquier intervención de terceros en instalaciones de las que no sean titulares, siempre que afecte a los requisitos de este reglamento, sin la expresa autorización de su titular, serán responsabilidad del causante.

CAPITULO II

Disposiciones aplicables a instalaciones propiedad de entidades de producción, transporte y distribución de energía eléctrica

Artículo 14. *Especificaciones particulares de las instalaciones propiedad de las entidades de transporte y distribución de energía eléctrica.*

1. Las empresas de transporte y distribución de energía eléctrica podrán establecer especificaciones particulares para sus instalaciones o para aquellas de los clientes que les vayan a ser cedidas. Estas especificaciones serán únicas para todo el territorio de distribución de la empresa distribuidora y podrán definir aspectos de diseño, materiales, construcción, montaje y puesta en servicio de instalaciones eléctricas de alta tensión, señalando en ellas las condiciones técnicas de carácter concreto que sean precisas para conseguir mayor homogeneidad en la seguridad y el funcionamiento de las redes de alta tensión.

En ningún caso estas especificaciones incluirán marcas o modelos de equipos o materiales concretos que aboquen al consumidor a un único proveedor, ni prescripciones de tipo administrativo o económico que supongan para el titular de la instalación privada, cargas adicionales a las previstas en este reglamento, o en otra normativa que pueda ser de aplicación.

En todo caso, las especificaciones incluirán la posibilidad de que, ante situaciones debidamente justificadas, previa acreditación de seguridad equivalente, el titular de la instalación pueda dar soluciones alternativas a situaciones concretas en que sea imposible cumplir los requisitos de las especificaciones aprobadas por la Administración.

2. Dichas especificaciones deberán ajustarse, en cualquier caso, a los preceptos del reglamento, y previo cumplimiento del procedimiento de información pública, deberán ser aprobadas y registradas por los órganos competentes de las Comunidades Autónomas, en caso de que se limiten a su ámbito territorial, o por el Ministerio de Industria, Comercio y Turismo, en caso de aplicarse en más de una comunidad autónoma.

3. Una persona técnica competente de la empresa de transporte o distribución certificará que las especificaciones particulares cumplen todas las exigencias técnicas y de seguridad reglamentariamente establecidas.

Asimismo, dichas normas deberán contar con un informe técnico de un órgano cualificado e independiente que certificará que dichas especificaciones cumplen con todos los requisitos de la reglamentación de seguridad aplicable, que no se incluyen prescripciones de tipo administrativo o económico que supongan para el titular de la instalación privada una carga adicional a lo establecido reglamentariamente, y que tampoco se incluyen sobredimensionamientos técnicamente no justificados de la instalación, salvo aquellos derivados de la utilización de las series normalizadas de materiales.

4. Las empresas de transporte o distribución que quieran proponer las especificaciones particulares, a las que hace referencia el apartado 1, y que no se limiten al ámbito territorial de una única Comunidad Autónoma, deberán remitir solicitud de aprobación al Ministerio de Industria, Comercio y Turismo, acompañada de la siguiente documentación:
   a) El texto de las especificaciones para las que se solicita la aprobación.
   b) Certificado por persona técnica competente referido en el punto 3.
   c) Informe técnico emitido por un organismo cualificado, referido en el punto 3.
   d) Listado de las Comunidades Autónomas donde la empresa distribuidora lleve a cabo su actividad.

Presentada la solicitud por medios electrónicos, el Ministerio de Industria, Comercio y Turismo realizará el trámite de información pública de dicha especificación o proyecto y solicitará informe a la Comisión Nacional de los Mercados y la Competencia, al órgano competente de las Comunidades

Autónomas en las que la empresa de transporte o distribución desarrolle su actividad y a la Secretaría de Estado de Energía del Ministerio para la Transición Ecológica y el Reto Demográfico.

Recibidos los informes, o cumplido el plazo marcado en el artículo 80 de la 39/2015, de 1 de octubre, del Procedimiento Administrativo Común para su emisión, procederá a su aprobación siempre que se garantice el cumplimiento reglamentario, la uniformidad de los requisitos en todas las zonas de implantación de la empresa de transporte o distribución y que no se adopten barreras técnicas que aboquen al consumidos a un único proveedor, publicándose la resolución correspondiente en el «Boletín Oficial del Estado».

Una vez presentadas las especificaciones ante el Ministerio de Industria, Comercio y Turismo, junto con los documentos mencionados, el plazo para la aprobación será de tres meses, considerándose el silencio administrativo como aprobatorio.

5.   Las normas así aprobadas se publicarán en la página web del Ministerio de Industria, Comercio y Turismo, sin perjuicio de la publicidad que las empresas de transporte o distribución hagan de las mismas.

6.   En caso de modificación o ampliación de especificaciones ya aprobadas, la empresa de transporte o distribución de energía eléctrica solicitara aprobación de la ampliación o modificación de dichas especificaciones, siguiendo el mismo procedimiento indicado anteriormente

Artículo 15. *Capacidad técnica de las entidades de producción, transporte y distribución de energía eléctrica para la ejecución y mantenimiento de instalaciones eléctricas de su propiedad.*

Las *empresas* de producción, transporte y distribución de energía eléctrica que realicen las actividades de construcción o mantenimiento de instalaciones eléctricas de su propiedad por medios propios, no precisan presentar la declaración responsable según lo establecido en la ITC-RAT 21, por entenderse a los efectos de este reglamento que dichas empresas de producción, transporte y distribución cuentan con la capacidad técnica acreditada suficiente para la realización de las citadas actividades. En cualquier caso, las entidades de producción, transporte y distribución de energía eléctrica deberán cumplir en cada momento, las condiciones reglamentarias establecidas para la ejecución y mantenimiento de sus instalaciones eléctricas, incluida su puesta en funcionamiento.

En el supuesto de que las entidades de producción, transporte y distribución efectúen las citadas actividades a través de una empresa contratada, ésta deberá ostentar la condición de empresa instaladora según lo establecido en la ITC-RAT 21.

Artículo 16. *Documentación y puesta en servicio de las instalaciones propiedad de entidades de producción, transporte y distribución de energía eléctrica.*

1. La construcción, ampliación, modificación y explotación de las instalaciones eléctricas de alta tensión propiedad de entidades de producción, transporte y distribución de energía eléctrica se condicionará al procedimiento de autorización establecido por la legislación sectorial vigente sin perjuicio de las disposiciones autonómicas en esta materia.

2. Las empresas de producción, transporte y distribución de energía eléctrica se responsabilizarán de la ejecución de las instalaciones de su propiedad.

3. Las instalaciones eléctricas propiedad de empresas de producción, transporte y distribución de energía eléctrica deberán disponer de la siguiente documentación:

   a) Proyecto que defina las características de la instalación, según determina la ITC-RAT 20, elaborado previamente a la ejecución.

   b) Certificado final de obra, según modelo establecido por la Administración pública competente, emitido por técnico titulado competente una vez finalizadas las obras. El citado certificado y los informes de verificación surtirán los efectos previstos en el artículo 132 del Real Decreto 1955/2000, de 1 de diciembre o, en su caso, se aplicará la normativa autonómica en esta materia.

Artículo 17. *Mantenimiento, verificaciones periódicas e inspecciones de las instalaciones propiedad de entidades de producción, transporte y distribución de energía eléctrica.*

1. Las entidades de producción, transporte y distribución de energía eléctrica se responsabilizarán del mantenimiento y verificación periódica de las instalaciones de su propiedad y de aquéllas que les sean cedidas. Si el mantenimiento o la verificación fuera realizado por empresas mandatadas, éstas deberán ser empresas instaladoras habilitadas en alta tensión, según ITC-RAT 21.

2. La verificación periódica de las instalaciones se realizará, al menos cada tres años. La entidad titular conservará el acta de la verificación y la remitirá a la Administración pública competente.

3. En la ITC-RAT 23 se detalla el proceso para las verificaciones e inspecciones periódicas.

CAPITULO III

Disposiciones aplicables a instalaciones que no sean propiedad de entidades de producción, transporte y distribución de energía eléctrica

Artículo 18. *Empresas instaladoras para instalaciones de alta tensión.*

Las instalaciones eléctricas de alta tensión se ejecutarán por empresas instaladoras que reúnan los requisitos y condiciones establecidos en la ITC-RAT 21 y hayan presentado la correspondiente declaración responsable de inicio de actividad según lo prescrito en el apartado 5 de dicha ITC.

De acuerdo con la Ley 21/1992, de 16 de julio, de Industria, la declaración responsable habilita por tiempo indefinido a la empresa instaladora, desde el momento de su presentación ante la Administración pública competente, para el ejercicio de la actividad en todo el territorio español, sin que puedan imponerse requisitos o condiciones adicionales.

Artículo 19. *Explotación y mantenimiento de instalaciones privadas que forman parte de instalaciones de transporte o distribución de energía eléctrica.*

En el caso de que la instalación privada esté integrada en un conjunto que incorpore otros elementos de maniobra de la red, propiedad de entidades de transporte o distribución de energía eléctrica, se establecerá un acuerdo escrito en el que fijen las responsabilidades de explotación y mantenimiento entre los titulares de las instalaciones.

Artículo 20. *Documentación, puesta en servicio y mantenimiento de las instalaciones.*

1. La construcción, ampliación, modificación y explotación de las instalaciones que no sean propiedad de entidades de producción, transporte y distribución de energía eléctrica, correspondientes a instalaciones de producción, evacuación, líneas directas y acometidas cuyo aprovechamiento afecte a más de una comunidad autónoma, así como las líneas directas conectadas a instalaciones de generación de competencia estatal y cualquier otra instalación eléctrica cuya autorización corresponda según la Ley 24/2013 del Sector eléctrico a la administración general del estado, se condicionará al procedimiento de autorización establecido por la legislación sectorial vigente, sin perjuicio de las disposiciones autonómicas en esta materia.

2. Las restantes instalaciones eléctricas de alta tensión que no sean propiedad de entidades de producción, transporte y distribución de energía eléctrica y que no vayan a ser cedidas estarán sujetas al procedimiento de puesta en servicio descrito en la ITC-RAT 22, no siendo necesaria la autorización administrativa.

3. Las instalaciones promovidas por terceros, que posteriormente deban ser cedidas antes de su puesta en servicio, y, por tanto, vayan a formar parte de la red de transporte y distribución, deberán someterse al régimen de autorizaciones establecido por el título VII del Real Decreto 1955/2000, de 1 de diciembre. Para su puesta en servicio deberán presentar la documentación prevista en la ITC-RAT 22.

Artículo 21. *Inspecciones periódicas de las instalaciones.*

1. Para alcanzar los objetivos señalados en el artículo 1 de este reglamento, en relación con la seguridad, se efectuarán inspecciones periódicas de las instalaciones.

Estas inspecciones se realizarán cada tres años, pudiéndose establecer condiciones especiales en las ITC´s de este reglamento. El titular de la instalación cuidará de que dichas inspecciones se efectúen en los plazos previstos.

Las inspecciones periódicas se realizarán por Organismos de Control Habilitados en este campo reglamentario, de acuerdo con lo establecido en el Real Decreto 2200/1995, de 28 de diciembre, por el que se aprueba el Reglamento de la Infraestructura para la Calidad y la Seguridad Industrial.

2. Los organismos de control conservarán las actas de las inspecciones que realicen y entregarán una copia de las mismas al titular o, en su caso, al arrendatario de la instalación, así como a la Administración pública competente.

La Administración pública competente podrá efectuar controles para garantizar el correcto funcionamiento del sistema, tales como el control por muestreo estadístico de las inspecciones realizadas por los organismos de control.

3. En la ITC-RAT 23 se detalla el proceso que deberá seguirse para las inspecciones periódicas.

ÍNDICE DE LAS INSTRUCCIONES TÉCNICAS COMPLEMENTARIAS

1

Instrucción Técnica Complementaria
ITC-RAT 01

TERMINOLOGÍA

Índice

30. Factor de defecto a tierra
31. Frecuencia nominal (de una máquina o de un aparato)
32. Fuente de energía
33. Impedancia
34. Instalación de tierra
35. Instalación de tierra general
36. Instalaciones de tierra independientes
37. Instalaciones de tierras separadas
38. Instalación eléctrica
39. Instalación eléctrica de exterior
40. Instalación eléctrica de interior
41. Instalación privada
42. Interruptor
43. Interruptor automático
44. Interruptor de maniobra automática
45. Línea de enlace con el electrodo de tierra
46. Línea de puesta a tierra
47. Local de pública concurrencia.
48. Masa de un aparato
49. Nivel de aislamiento nominal
50. No propagación de la llama
51. No propagador del incendio
52. Organismo cualificado e independiente
53. Poner o conectar a masa
54. Poner o conectar a tierra
55. Puesta a tierra de protección
56. Puesta a tierra de servicio
57. Punto a potencial cero
58. Punto de puesta a tierra
59. Punto neutro

60. Reactancia

61. Red compensada mediante bobina de extinción

62. Red con neutro a tierra

63. Red con neutro aislado

64. Reenganche automático

65. Resistencia global o total a tierra

66. Resistencia de tierra

67. Seccionador

68. Sobretensión

69. Sobretensión temporal

70. Sobretensión transitoria tipo maniobra

71. Sobretensión transitoria tipo rayo

72. Subestación

73. Subestación de maniobra

74. Subestación de transformación

75. Subestación móvil

76. Tensión

77. Tensión a tierra o con relación a tierra

78. Tensión a tierra transferida

79. Tensión de contacto

80. Tensión de contacto aplicada

81. Tensión de defecto

82. Tensión de paso

83. Tensión de paso aplicada

84. Tensión de puesta a tierra

85. Tensión de servicio

86. Tensión de suministro

87. Tensión más elevada de una red trifásica (u_s)

88. Tensión más elevada para el material (u_m)

89. Tensión nominal

90. Tensión nominal de una red trifásica

91. Tensión nominal para el material

92. Tensión soportada

93. Tensión soportada nominal a los impulsos tipo maniobra o tipo rayo

94. Tensión soportada nominal a frecuencia industrial

95. Tierra

96. Transformador para distribución

97. Zona de protección

En esta instrucción se recogen los términos más generales utilizados en el presente Reglamento sobre condiciones técnicas y garantías de seguridad en instalaciones eléctricas de alta tensión y en sus instrucciones técnicas complementarias. Se han seguido, en lo posible, las definiciones que figuran para estos términos en las normas UNE.

1. ALTA TENSIÓN

Se considera alta tensión toda tensión nominal superior a 1 kV.

2. APARAMENTA

Término general aplicable a los aparatos de conexión, desconexión o maniobra, y a su combinación con aparatos de mando, medida, protección y regulación asociados, así como los conjuntos de tales aparatos con las conexiones, accesorios, envolventes y soportes correspondientes.

3. APARATO EXTRAIBLE

Aparato que posee dispositivos de conexión que permiten, bajo tensión pero sin carga, separarlo del conjunto de la instalación y colocarlo en una posición de seguridad en la cual sus circuitos de alta tensión permanecen sin tensión.

4. APARATO MECÁNICO DE CONEXIÓN CON DISPARO LIBRE

Aparato mecánico de conexión cuyos contactos móviles vuelven a la posición abierta y permanecen en ella cuando se ordena la maniobra de apertura, incluso una vez iniciada la maniobra de cierre y aunque se mantenga la orden de cierre.

Nota: A fin de asegurar una interrupción correcta de la corriente que pueda haberse establecido, puede ser necesario que los contactos alcancen momentáneamente la posición cerrada.

5. AUTOEXTINGUIBILIDAD

Cualidad de un material que, en las condiciones establecidas por la norma correspondiente, deja de quemarse cuando cesa la causa externa que provocó la combustión.

6. AUTOSECCIONADOR

Seccionador que abre un circuito automáticamente en condiciones predeterminadas, cuando dicho circuito está sin tensión.

7. CANALIZACIÓN ELÉCTRICA

Conjunto constituido por uno o varios conductores eléctricos, por los elementos que los fijan y por su protección mecánica, si la hubiere.

8. CENTRAL ELÉCTRICA

Lugar y conjunto de instalaciones, incluidas las construcciones de obra civil y edificios necesarios, utilizadas directa e indirectamente para la producción de energía eléctrica.

9. CENTRO DE TRANSFORMACIÓN

Instalación que comprende uno o varios transformadores, aparamenta de alta tensión y de baja tensión, conexiones y elementos auxiliares, para suministrar energía en BT a partir de una red de AT o viceversa.

10. CENTRO DE TRANSFORMACIÓN PREFABRICADO

Centro de transformación fabricado dentro de una envolvente común fabricado en serie que ha sido sometido a ensayos de tipo. El centro de transformación prefabricado incluye además la parte interna de la instalación de puesta a tierra correspondiente. Los centros de transformación prefabricados pueden estar situados a nivel del suelo y/o parcial o completamente bajo el mismo.

11. CIRCUITOS

Conjunto de materiales eléctricos (conductores, aparamenta, etc.) alimentados por la misma fuente de energía y protegidos contra las sobreintensidades por el o los mismos dispositivos de protección. No quedan incluidos en esta definición los circuitos que forman parte de los aparatos de utilización o receptores.

12. CONDUCTORES ACTIVOS

En toda instalación se consideran como conductores activos los destinados normalmente a la transmisión de energía eléctrica. Esta consideración se aplica a los conductores de fase y al conductor neutro.

13. CONEXIÓN EQUIPOTENCIAL

Conexión que une dos partes conductoras de manera que la corriente que pueda pasar por ella no produzca una diferencia de potencial sensible entre ambas.

14. CONJUNTO PREFABRICADO PARA CENTRO DE TRANSFORMACIÓN

Equipo de serie constituyendo una sola unidad constructiva, que ha sido sometido a los ensayos correspondientes y que forma parte de un centro de transformación. Puede comprender los siguientes componentes: aparamenta de alta tensión, transformador, aparamenta de baja tensión, conexiones y elementos auxiliares.

15. CONMUTADOR

Aparato destinado a modificar las conexiones entre varios circuitos.

16. CONTACTOS DIRECTOS

Contactos de personas y animales con partes activas.

17. CONTACTOS INDIRECTOS

Contactos de personas o animales con partes que sean puestas bajo tensión como resultado de un fallo de aislamiento o defecto de la instalación.

18. CORRIENTE DE CONTACTO

Corriente que pasa a través del cuerpo humano o de un animal cuando está sometido a una tensión eléctrica.

19. CORRIENTE DE CORTOCIRCUITO MÁXIMA ADMISIBLE

Valor eficaz máximo de la corriente de cortocircuito que puede soportar un elemento de la red durante una corta duración especificada.

20. CORRIENTE DE DEFECTO O DE FALTA

Corriente que circula debido a un defecto de aislamiento.

21. CORRIENTE DE DEFECTO A TIERRA

Es la corriente que en caso de un solo punto de defecto a tierra, se deriva por el citado punto desde el circuito averiado a tierra o a partes conectadas a tierra.

22. CORRIENTE DE PUESTA A TIERRA

Es la corriente total que se deriva a tierra a través de la puesta a tierra.

Nota: La corriente de puesta a tierra es la parte de la corriente de defecto que provoca la elevación de potencial de una instalación de puesta a tierra.

23. CORRIENTE NOMINAL (DE UNA MÁQUINA O DE UN APARATO)

Corriente que figura en las especificaciones de una máquina o de un aparato, a partir de la cual se determinan las condiciones de calentamiento o de funcionamiento de esta máquina o de este aparato.

24. CORTE OMNIPOLAR

Corte de todos los conductores activos de un mismo circuito.

25. DEFECTO A TIERRA (O A MASA)

Defecto de aislamiento entre un conductor y tierra (o masa).

26. DEFECTO FRANCO

Conexión accidental, de impedancia despreciable, entre dos o más puntos con distinto potencial.

27. DISPOSITIVO ANTIBOMBEO

Dispositivo que impide un nuevo cierre inmediatamente después de una maniobra de cierre-apertura mientras se mantenga la orden de cierre.

28. ELECTRODO DE TIERRA

Conductor, o conjunto de conductores, enterrados que sirven para establecer una conexión con tierra. Los conductores no aislados, colocados en contacto con tierra para la conexión al electrodo, se consideraran parte de este.

29. ELEMENTOS CONDUCTORES

Todos aquellos elementos no previstos como conductores activos que pueden encontrarse en una instalación, edificio, aparato, etc., y que son susceptibles, en determinadas circunstancias, de transferir una tensión, por ejemplo: estructuras metálicas o de hormigón armado utilizadas en la construcción de edificios (armaduras, paneles, carpintería metálica, suelos y paredes conductoras, etc.), canalizaciones metálicas de agua, gas, calefacción. etc., y los aparatos no eléctricos conectados a ellas, si la unión constituye una conexión eléctrica.

30. FACTOR DE DEFECTO A TIERRA

El factor de defecto a tierra en un punto P de una instalación trifásica es el cociente U_{PF}/U_P, siendo U_{PF} la tensión eficaz entre una fase sana del punto P y tierra durante una falta a tierra, y U_P la tensión eficaz entre cualquier fase del punto P y tierra en ausencia de falta.

Las tensiones U_{PF} y U_P lo serán a la frecuencia industrial.

La falta de tierra referida puede afectar a una o más fases en un punto cualquiera de la red.

El factor de defecto a tierra en un punto es, pues, una relación numérica superior a la unidad que caracteriza, de un modo general, las condiciones de puesta a tierra del neutro del sistema desde el punto de vista del emplazamiento considerado, independientemente del valor particular de la tensión de funcionamiento en este punto.

Los factores de defecto a tierra se pueden calcular a partir de los valores de las impedancias de la red en el sistema de componentes simétricas, vistas desde el punto considerado y tomando para las maquinas giratorias las reactancias subtransitorias, o cualquier otro procedimiento de cálculo de suficiente garantía.

Cuando para cualquiera que sea el esquema de explotación, la reactancia homopolar es inferior al triple de la reactancia directa y la resistencia homopolar no excede a la reactancia directa, el factor de defecto a tierra no sobrepasa 1,4.

31. FRECUENCIA NOMINAL (DE UNA MÁQUINA O DE UN APARATO)

Frecuencia que figura en las especificaciones del aparato, de la que se deducen las condiciones de prueba y las frecuencias límites de utilización de esta máquina o de este aparato.

32. FUENTE DE ENERGÍA

Aparato generador o sistema suministrador de energía eléctrica.

33. IMPEDANCIA

Cociente de la tensión en los bornes de un circuito entre la corriente que fluye por ellos. Esta definición sólo es aplicable a corrientes sinusoidales.

34. INSTALACIÓN DE TIERRA

Es el conjunto formado por electrodos y líneas de tierra de una instalación eléctrica.

35. INSTALACIÓN DE TIERRA GENERAL

Es la instalación de tierra resultante de la interconexión de todas las puestas a tierra de protección y de servicio de una instalación.

36. INSTALACIONES DE TIERRA INDEPENDIENTES

Se considera independiente una toma de tierra respecto a otra, cuando una de las tomas de tierra no alcance, respecto a un punto de potencial cero, una tensión superior a 50 V cuando por la otra circula la máxima corriente de defecto a tierra prevista.

37. INSTALACIONES DE TIERRAS SEPARADAS

Dos instalaciones de tierra se denominan separadas cuando entre sus electrodos no existe una conexión específica directa.

38. INSTALACIÓN ELÉCTRICA

Conjunto de aparatos y de circuitos asociados, previstos para un fin particular: Producción, conversión, rectificación, transformación, transmisión, distribución o utilización de la energía eléctrica.

39. INSTALACIÓN ELÉCTRICA DE EXTERIOR

Instalación eléctrica expuesta a la intemperie.

40. INSTALACIÓN ELÉCTRICA DE INTERIOR

Instalación eléctrica realizada en el interior de un local o envolvente que la protege contra la intemperie.

41. INSTALACIÓN PRIVADA

Es la instalación destinada, por un único usuario, a la producción o utilización de la energía eléctrica en locales o emplazamientos de su uso exclusivo.

42. INTERRUPTOR

Aparato de conexión capaz de establecer, de soportar y de interrumpir las corrientes en las condiciones normales del circuito, que pueden incluir las condiciones especificadas de sobrecarga en servicio, así como de soportar durante un tiempo especificado las corrientes en las condiciones anormales especificadas del circuito, tales como las de cortocircuito.

43. INTERRUPTOR AUTOMÁTICO

Interruptor que además es capaz de interrumpir corrientes en condiciones anormales especificadas del circuito, tales como las del cortocircuito.

44. INTERRUPTOR DE MANIOBRA AUTOMÁTICA

Interruptor en el que la apertura o cierre del circuito se produce automáticamente en condiciones predeterminadas.

45. LÍNEA DE ENLACE CON EL ELECTRODO DE TIERRA

Cuando existiera punto de puesta de tierra, se denomina línea de enlace con el electrodo de tierra, a la parte de la línea de puesta a tierra comprendida entre el punto de puesta a tierra y el electrodo, siempre que el conductor este fuera del terreno o colocado aislado del mismo.

46. LÍNEA DE PUESTA A TIERRA

Es el conductor o conjunto de conductores que une el electrodo de tierra con una parte de la instalación que se haya de poner a tierra, siempre y cuando los conductores estén fuera del terreno o colocados en él pero aislados del mismo.

47. LOCAL DE PÚBLICA CONCURRENCIA

Son locales de espectáculos y actividades recreativas y locales de reunión, trabajo y usos sanitarios, con las limitaciones siguientes.

Locales de espectáculos y actividades recreativas, cualquiera que sea su capacidad de ocupación, como por ejemplo, cines, teatros, auditorios, estadios, pabellones deportivos, plazas de toros, hipódromos, parques de atracciones y ferias fijas, salas de fiesta, discotecas, salas de juegos y de azar.

Los siguientes locales de reunión, trabajo y usos sanitarios cualquiera que sea su ocupación: templos, museos, salas de conferencias y congresos, casinos, hoteles, hostales, bares, cafeterías, restaurantes o similares, zonas comunes en agrupaciones de establecimientos comerciales, aeropuertos, estaciones de viajeros, estacionamientos cerrados y cubiertos para más de 5 vehículos, hospitales, ambulatorios y sanatorios, asilos y guarderías. Si la ocupación prevista es de más de 50 personas también se consideran locales de pública concurrencia las bibliotecas, centros de enseñanza, consultorios médicos, establecimientos comerciales, oficinas con presencia de público, residencias de estudiantes, gimnasios, salas de exposiciones, centros culturales, clubes sociales y deportivos.

48. MASA DE UN APARATO

Conjunto de las partes metálicas de un aparato que en condiciones normales están aisladas de las partes activas.

49. NIVEL DE AISLAMIENTO NOMINAL

Para un aparato o material eléctrico determinado, característica definida por un conjunto de tensiones especificadas de su aislamiento.

a) Para materiales cuya tensión más elevada para el material sea menor que 300 kV el nivel de aislamiento está definido por las tensiones soportadas nominales a los impulsos tipo rayo y las tensiones soportadas nominales a frecuencia industrial de corta duración.

b) Para materiales cuya tensión más elevada para el material sea igual o mayor que 300 kV el nivel aislamiento está definido por las tensiones soportadas nominales a los impulsos tipo maniobra y rayo.

50. NO PROPAGACIÓN DE LA LLAMA

Cualidad de un material por la que deja de arder en cuanto cesa de aplicársele el calor que provoca su combustión. En el caso de los cables esta característica se comprueba mediante los ensayos correspondientes descritos en las normas de producto que resulten aplicables.

51. NO PROPAGADOR DEL INCENDIO

Cualidad de un material por la que no propaga el fuego a lo largo de la instalación, incluso cuando ésta consta de un gran número de cables ya que el fuego se autoextingue cuando la llama causante del incendio se retira o se apaga. En el caso de los cables esta característica se comprueba mediante los ensayos correspondientes descritos en las normas de producto que resulten aplicables.

52. ORGANISMO CUALIFICADO E INDEPENDIENTE

Entidad sin ánimo de lucro y con reconocida experiencia en el sector de la alta tensión, independiente y designada por la Administración pública competente para emitir un informe técnico de conformidad con el Reglamento sobre condiciones técnicas y garantías de seguridad en instalaciones eléctricas de alta tensión.

53. PONER O CONECTAR A MASA

Unir eléctricamente un conductor al armazón de una máquina o a una masa metálica.

54. PONER O CONECTAR A TIERRA

Unir eléctricamente con la tierra una parte del circuito eléctrico o una parte conductora no perteneciente al mismo por medio de la instalación de tierra.

55. PUESTA A TIERRA DE PROTECCIÓN

Es la conexión directa a tierra de las partes conductoras de los elementos de una instalación no sometidos normalmente a tensión eléctrica, pero que pudieran ser puestos en tensión por averías o contactos accidentales, a fin de proteger a las personas contra contactos con tensiones peligrosas.

56. PUESTA A TIERRA DE SERVICIO

Es la conexión que tiene por objeto unir a tierra temporalmente parte de las instalaciones que están normalmente bajo tensión o permanentemente ciertos puntos de los circuitos eléctricos de servicio.

Estas puestas a tierra pueden ser:

- Directas: cuando no contiene otra resistencia que la propia de paso a tierra.

- Indirectas: cuando se realizan a través de resistencias o impedancias adicionales.

57. PUNTO A POTENCIAL CERO

Punto del terreno a una distancia tal de la instalación de toma de tierra, que el gradiente de tensión en dicho punto resulta despreciable, cuando pasa por dicha instalación una corriente de defecto.

58. PUNTO DE PUESTA A TIERRA

Es un punto situado generalmente fuera del terreno, que sirve de unión de las líneas de tierra con el electrodo, directamente o a través de líneas enlace con él.

59. PUNTO NEUTRO

Es el punto de un sistema polifásico que en las condiciones de funcionamiento previstas, presenta la misma diferencia de potencial con relación a cada uno de los polos o fases del sistema.

60. REACTANCIA

Es un dispositivo que se instala para modificar la impedancia de un circuito, con distintos objetos, por ejemplo: arranque de motores, conexión en paralelo de transformadores, regulación de corriente o regulación de tensión. Reactancia limitadora es la que se usa para limitar la corriente cuando se produce un cortocircuito.

61. RED COMPENSADA MEDIANTE BOBINA DE EXTINCIÓN

Red en la que uno o varios puntos neutros están puestos a tierra por reactancias que compensan aproximadamente la componente capacitiva de la corriente de falta monofásica a tierra.

Nota: En una red con neutro puesto a tierra a través de bobina de extinción, la corriente en la falta se limita de tal manera que el arco de la falta se autoextingue.

62. RED CON NEUTRO A TIERRA

Red cuyo neutro está unido a tierra, bien directamente o bien por medio de una resistencia o de una inductancia de pequeño valor.

63. RED CON NEUTRO AISLADO

Red desprovista de conexión intencional a tierra, excepto a través de dispositivos de indicación, medida o protección, de impedancias muy elevadas.

64. REENGANCHE AUTOMÁTICO

Secuencia de maniobras por las que a continuación de una apertura se cierra automáticamente un aparato mecánico de conexión después de un tiempo predeterminado.

65. RESISTENCIA GLOBAL O TOTAL A TIERRA

Es la resistencia de tierra considerando la acción conjunta de la totalidad de las puestas a tierra.

66. RESISTENCIA DE TIERRA

Es la resistencia entre un conductor puesto a tierra y un punto de potencial cero.

67. SECCIONADOR

Aparato mecánico de conexión que, por razones de seguridad, en posición abierto, asegura una distancia de seccionamiento que satisface unas condiciones específicas de aislamiento.

Nota: Un seccionador es capaz de abrir y cerrar un circuito cuando es despreciable la corriente a interrumpir o a establecer, o bien cuando no se produce cambio apreciable de tensión en los bornes de cada uno de los polos del seccionador. Es también capaz de soportar corrientes de paso en las condiciones normales del circuito, así como durante un tiempo especificado en condiciones anormales, tales como las de cortocircuito.

68. SOBRETENSIÓN

Tensión anormal existente entre dos puntos de una instalación eléctrica, superior al valor máximo que puede existir entre ellos en servicio normal.

Nota: Véase definición de tensión más elevada de una red trifásica.

69. SOBRETENSIÓN TEMPORAL

Es la sobretensión entre fase y tierra o entre fases en un lugar determinado de la red, de duración relativamente larga y que no está amortiguada, o solo lo está débilmente.

70. SOBRETENSIÓN TRANSITORIA TIPO MANIOBRA

Es la sobretensión entre fase y tierra o entre fases en un lugar determinado de la red debida a una maniobra, defecto u otra causa y cuya forma puede asimilarse, en lo relativo a la coordinación de aislamiento, a la de los impulsos normalizados utilizados para los ensayos de impulso tipo maniobra.

71. SOBRETENSIÓN TRANSITORIA TIPO RAYO

Es la sobretensión entre fase y tierra o entre fases en un lugar determinado de la red debido a una descarga atmosférica u otra causa y cuya forma puede asimilarse, en lo relativo a la coordinación de aislamiento, a la de los impulsos normalizados utilizados para los ensayos de impulso tipo rayo.

72. SUBESTACIÓN

Conjunto **situado** en un mismo lugar, de la aparamenta eléctrica y de los edificios necesarios para realizar alguna de las funciones siguientes: transformación de la tensión, de la frecuencia, del número de fases, rectificación, compensación del factor de potencia y conexión de dos o más circuitos.

Quedan excluidos de esta definición los centros de transformación.

73. SUBESTACIÓN DE MANIOBRA

Es la destinada a la conexión entre dos o más circuitos y su maniobra.

74. SUBESTACIÓN DE TRANSFORMACIÓN

Es la destinada a la transformación de energía eléctrica mediante uno o más transformadores cuyos secundarios se emplean en la alimentación de otras subestaciones o centros de transformación.

75. SUBESTACIÓN MÓVIL

Subestación de carácter móvil cuya finalidad principal es el socorro temporal de la red de alta tensión ante contingencias o situaciones especiales de servicio, prevista para la conexión de uno o más circuitos, formada por un conjunto de aparamenta eléctrica con o sin transformador de potencia y concebida para su conexión a la red mediante un procedimiento rápido de puesta en servicio. Puede tener uno o varios niveles de tensión. Se podrá instalar conectada a una subestación existente en su interior o de forma adyacente, o bien constituyendo una subestación independiente.

76. TENSIÓN

Diferencia de potencial entre dos puntos. En los sistemas de corriente alterna se expresara por su valor eficaz, salvo indicación en contra.

77. TENSIÓN A TIERRA O CON RELACIÓN A TIERRA

Es la tensión que aparece entre un elemento conductor y la tierra,

a) En instalaciones trifásicas con neutro no unido directamente a tierra, se considerara como tensión a tierra la tensión entre fases.

b) En instalaciones trifásicas con neutro unido directamente a tierra es la tensión entre fase y neutro.

78. TENSIÓN A TIERRA TRANSFERIDA

Es la tensión de paso o de contacto que puede aparecer en un lugar cualquiera transmitida por un elemento metálico desde una instalación de tierra lejana.

79. TENSIÓN DE CONTACTO

Es la fracción de la tensión de puesta a tierra que puede ser puenteada por una persona entre la mano y un punto del terreno situado a un metro de separación o entre ambas manos.

80. TENSIÓN DE CONTACTO APLICADA

Es la parte de la tensión de contacto que resulta directamente aplicada entre dos puntos del cuerpo humano, considerando todas las resistencias que intervienen en el circuito y estimándose la del cuerpo humano en 1000 ohmios.

81. TENSIÓN DE DEFECTO

Tensión que aparece a causa de un defecto de aislamiento, entre dos masas, entre una masa y un elemento conductor, o entre una masa y tierra.

82. TENSIÓN DE PASO

Es la parte de la tensión a tierra que aparece en caso de un defecto a tierra entre dos puntos del terreno separados un metro.

83. TENSIÓN DE PASO APLICADA

Es la parte de la tensión de paso que resulta directamente aplicada entre los pies de un hombre, teniendo en cuenta todas las resistencias que intervienen en el circuito y estimándose la del cuerpo humano en 1000 ohmios.

84. TENSIÓN DE PUESTA A TIERRA

Tensión que aparece a causa de un defecto de aislamiento, entre una masa y tierra (ver Tensión de defecto).

85. TENSIÓN DE SERVICIO

Es el valor de la tensión realmente existente en un punto cualquiera de una instalación en un momento determinado.

86. TENSIÓN DE SUMINISTRO

Es el valor o valores de la tensión que constan en los contactos que se establecen con los usuarios y que sirven de referencia para la comprobación de la regularidad en el suministro. La tensión de suministro puede tener varios valores distintos, en los diversos sectores de una misma red, según la situación de estas y demás circunstancias.

87. TENSIÓN MÁS ELEVADA DE UNA RED TRIFÁSICA (U_s)

Es el valor más elevado de la tensión entre fases, que puede presentarse en un instante y en un punto cualquiera de la red, en las condiciones normales de explotación. Este valor no tiene en cuenta las variaciones transitorias (por ejemplo, maniobras en la red) ni las variaciones temporales de tensión debidas a condiciones anormales de la red (por ejemplo, averías o desconexiones bruscas de cargas importantes).

88. TENSIÓN MÁS ELEVADA PARA EL MATERIAL (U_m)

La mayor tensión eficaz entre fases para la cual se define el material, en lo que se refiere al aislamiento y determinadas características que están eventualmente relacionadas con esta tensión, en las normas propuestas para cada material.

89. TENSIÓN NOMINAL

Valor convencional de la tensión con la que se denomina un sistema o instalación y para el que ha sido previsto su funcionamiento y aislamiento.

La tensión nominal expresada en kilovoltios, se designa en el presente Reglamento sobre condiciones técnicas y garantías de seguridad en instalaciones eléctricas de alta tensión por U_n.

90. TENSIÓN NOMINAL DE UNA RED TRIFÁSICA

Valor de la tensión entre fases por el cual se denomina la red, y a la cual se refieren ciertas características de servicio de la red.

91. TENSIÓN ASIGNADA O NOMINAL PARA EL MATERIAL

Es la tensión asignada por el fabricante para el material.

Nota: En las normas de aparamenta la tensión nominal del material se denomina tensión asignada y coincide con la tensión más elevada del material.

92. TENSIÓN SOPORTADA

Es el valor de la tensión especificada, que un aislamiento debe soportar sin perforación ni contorneamiento, en condiciones de ensayo preestablecidas.

93. TENSIÓN SOPORTADA NOMINAL A LOS IMPULSOS TIPO MANIOBRA O TIPO RAYO

Es el valor de cresta de tensión soportada a los impulsos tipo maniobra o tipo rayo prescrita para un material, el cual caracteriza el aislamiento de este material en lo relativo a los ensayos de tensión soportada.

94. TENSIÓN SOPORTADA NOMINAL A FRECUENCIA INDUSTRIAL

Es el valor eficaz de una tensión alterna sinusoidal a frecuencia industrial, que el material considerado debe ser capaz de soportar sin perforación ni contorneamiento durante los ensayos realizados en las condiciones especificadas.

95. TIERRA

Es la masa conductora de la tierra, o todo conductor unido a ella por una impedancia despreciable.

96. TRANSFORMADOR PARA DISTRIBUCIÓN

Es el que transforma un sistema de corrientes en Alta Tensión en otro en Baja Tensión.

97. ZONA DE PROTECCIÓN

Es el espacio comprendido entre los límites de los lugares accesibles, por un lado, y los elementos que se encuentran bajo tensión, por otro.

2

Instrucción Técnica Complementaria
ITC-RAT 02

NORMAS Y ESPECIFICACIONES TÉCNICAS DE OBLIGADO CUMPLIMIENTO

Se declaran de obligado cumplimiento las siguientes normas y especificaciones técnicas

UNE 157001. Criterios generales para la elaboración formal de los documentos que constituyen un proyecto técnico. EDIC.:2014.		
UNE 207020. Procedimiento para garantizar la protección de la salud y la seguridad de las personas en instalaciones eléctricas de ensayo y de medida de alta tensión. EDIC.:2012 IN.		
UNE-EN 60027-1. Símbolos literales utilizados en electrotecnia. Parte 1: Generalidades. EDIC.:2009; 2009/A2:2009.		
UNE-EN 60027-4. Símbolos literales utilizados en electrotécnica. Parte 4: Máquinas eléctricas rotativas. EDIC.:2011.		
UNE-EN 60060-1. Técnicas de ensayo de alta tensión. Parte 1: Definiciones generales y requisitos de ensayo. EDIC.:2012.		
UNE-EN 60060-2. Técnicas de ensayo en alta tensión. Parte 2: Sistemas de medida. EDIC.:2012.		
UNE-EN 60617-2. Símbolos gráficos para esquemas. Parte 2: Elementos de símbolos, símbolos distintivos y otros símbolos de aplicación general. EDIC.:1997.		
UNE-EN 60617-3. Símbolos gráficos para esquemas. Parte 3: Conductores y dispositivos de conexión. EDIC.:1997.		
UNE-EN 60617-6. Símbolos gráficos para esquemas. Parte 6: Producción, transformación y conversión de la energía eléctrica. EDIC.:1997.		
UNE-EN 60617-7. Símbolos gráficos para esquemas. Parte 7: Aparamenta y dispositivos de control y protección. EDIC.:1997.		

UNE-EN 60617-8. Símbolos gráficos para esquemas. Parte 8: Aparatos de medida, lámparas y dispositivos de señalización. EDIC.:1997.		
UNE-EN IEC 60071-1. Coordinación de aislamiento. Parte 1: Definiciones, principios y reglas. EDIC.:2020.	UNE-EN 60071-1:2006 y sus modificaciones posteriores.	
UNE-EN IEC 60071-2. Coordinación de aislamiento. Parte 2: Guía de aplicación. EDIC.:2024.	UNE-EN 60071-2:1999; UNE-EN IEC 60071-2:2018.	Coexiste con la norma UNE-EN IEC 60071-2:2018 hasta 29-06-2026.
UNE-EN ISO/IEC 17024. Evaluación de la conformidad. Requisitos generales para los organismos que realizan certificación de personas. (ISO/IEC 17024:2012). EDIC.:2012.		
UNE-EN ISO/IEC 17025. Requisitos generales para la competencia de los laboratorios de ensayo y calibración. (ISO/IEC 17025:2017). EDIC.:2017.		
UNE-IEC 60479-1. Efectos de la corriente sobre el hombre y el ganado. Parte 1: Aspectos generales. EDIC.:2022.	UNE-IEC/TS 60479-1:2007 y sus modificaciones posteriores.	

Aisladores y pasatapas		
Referencia norma UNE, título y ediciones*	Sustituye**	Coexistencia
UNE 21110-2. Características de los aisladores de apoyo de interior y de exterior para instalaciones de tensión nominal superior a 1000 V. EDIC.:1996; 1997 ERRATUM.		
UNE-EN 60137. Aisladores pasantes para tensiones alternas superiores a 1 000 V. EDIC.:2018.	UNE-EN 60137:2011.	
UNE-EN 60168. Ensayos de aisladores de apoyo, para interior y exterior, de cerámica o de vidrio, para instalaciones de tensión nominal superior a 1000 V. EDIC.:1997; A1:1999; A2:2001.		

| UNE-EN 60507.
Ensayos de contaminación artificial de aisladores de cerámica y vidrio para alta tensión destinados a redes de corriente alterna.
EDIC.:2014; 2014/AC:2018-09. | UNE-EN 60507:1995. | |

Aparamenta		
Referencia norma UNE, título y ediciones*	**Sustituye****	**Coexistencia**
UNE-EN 60947-7-1. Aparamenta de baja tensión. Parte 7-1: Equipos auxiliares. Bloques de conexión para conductores de cobre. EDIC.:2010.		
UNE-EN 62271-1. Aparamenta de alta tensión. Parte 1: Especificaciones comunes para aparamenta de corriente alterna. EDIC.:2019; 2019/A1:2022.	UNE-EN 62271-1:2009 y sus modificaciones posteriores.	
UNE-EN IEC 60947-1. Aparamenta de baja tensión. Parte 1: Reglas generales. EDIC.:2022; 2022/AC:2023-01; 2022/AC:2024-05.	UNE-EN 60947-1:2008 y sus modificaciones posteriores.	
UNE-EN IEC 60947-3. Aparamenta de baja tensión. Parte 3: Interruptores, seccionadores, interruptores-seccionadores y combinados fusibles. EDIC.:2022.	UNE-EN 60947-3:2009 y sus modificaciones posteriores.	
UNE-EN IEC 61439-5. Conjuntos de aparamenta de baja tensión. Parte 5: Conjuntos de aparamenta para redes de distribución pública. EDIC.:2024.	UNE-EN 60439-5:2007; UNE-EN 61439-5:2011; UNE-EN 61439-5:2015.	Coexiste con la norma UNE-EN 61439-5:2015 hasta 07-09-2026.

Seccionadores		
Referencia norma UNE, título y ediciones*	**Sustituye****	**Coexistencia**
UNE-EN IEC 62271-102. Aparamenta de alta tensión. Parte 102: Seccionadores y seccionadores de puesta a tierra de corriente alterna. EDIC.:2021; 2021/A1:2023.	UNE-EN 62271-102:2005 y sus modificaciones posteriores.	

Interruptores, contactores e interruptores automáticos		
Referencia norma UNE, título y ediciones*	Sustituye**	Coexistencia
UNE-EN IEC 62271-100. Aparamenta de alta tensión. Parte 100: Interruptores automáticos de corriente alterna. (Ratificada por la Asociación Española de Normalización en octubre de 2021.). EDIC.:2021; 2021/AC:2022-09; 2021/AC:2024-02; 2021/A1:2024.	UNE-EN 62271-100:2011.	
UNE-EN IEC 62271-103. Aparamenta de alta tensión. Parte 103: Interruptores de corriente alterna para tensiones asignadas superiores a 1kV e inferiores o iguales a 52 kV. EDIC.:2024.	UNE-EN 60265-1:1999 y sus modificaciones posteriores; UNE-EN 62271-103:2012.	Coexiste con la norma UNE-EN 62271-103:2012 hasta 11-11-2026.
UNE-EN IEC 62271-104. Aparamenta de alta tensión. Parte 104: Interruptores de corriente alterna para tensiones asignadas iguales o superiores a 52 kV. EDIC.:2021.	UNE-EN 62271-104:2015.	
UNE-EN IEC 62271-106. Aparamenta de alta tensión. Parte 106: Contactores, controladores y arrancadores de motor con contactores, de corriente alterna. (Ratificada por la Asociación Española de Normalización en julio de 2021.). EDIC.:2021.	UNE-EN 60470:2001; UNE-EN 62271-106:2012.	

Aparamenta bajo envolvente metálica o aislante		
Referencia norma UNE, título y ediciones*	Sustituye**	Coexistencia
UNE-EN 60529. Grados de protección proporcionados por las envolventes (Código IP). EDIC.:2018; 2018/A1:2018; 2018/A2:2018; 2018/A2:2018/AC:2019-02.	UNE 20324:1993 y sus modificaciones posteriores.	
UNE-EN 62262. Grados de protección proporcionados por las envolventes de materiales eléctricos contra los impactos mecánicos externos (código IK). EDIC.:2002; 2002/A1:2022.	UNE-EN 50102:1996 y sus modificaciones posteriores.	
UNE-EN 62271-201. Aparamenta de alta tensión. Parte 201: Aparamenta bajo envolvente aislante de corriente alterna para tensiones asignadas superiores a 1 kV e inferiores o iguales a 52 kV. EDIC.:2015.	UNE-EN 62271-201:2007.	

UNE-EN IEC 62271-200. Aparamenta de alta tensión. Parte 200: Aparamenta bajo envolvente metálica de corriente alterna para tensiones asignadas superiores a 1 kV e inferiores o iguales a 52 kV. EDIC.:2025; 2025/A1:2025.	UNE-EN 62271-200:2005; UNE-EN 62271-200:2012; UNE-EN IEC 62271-200:2021 y sus modificaciones posteriores.	
UNE-EN IEC 62271-203. Aparamenta de alta tensión. Parte 203: Aparamenta bajo envolvente metálica con aislamiento gaseoso de corriente alterna para tensiones asignadas superiores a 52 kV. EDIC.:2023.	UNE-EN 62271-203:2005; UNE-EN 62271-203:2013.	

Transformadores de potencia

Referencia norma UNE, título y ediciones*	Sustituye**	Coexistencia
UNE 21428-1. Transformadores trifásicos de distribución sumergidos en un líquido aislante, 50 Hz, de 25 kVA a 3 150 kVA con tensión más elevada para el material hasta 36 kV. Parte 1: Requisitos generales. Complemento nacional. EDIC.:2021.	UNE 21428-1:2011.	
UNE 21428-1-1. Transformadores trifásicos de distribución sumergidos en un líquido aislante, 50 Hz, de 25 kVA a 3 150 kVA con tensión más elevada para el material hasta 36 kV. Parte 1: Requisitos generales. Sección 1: Requisitos para transformadores bitensión en alta tensión. EDIC.:2021.	UNE 21428-1-1:2011; UNE 21428-1-1:2017.	
UNE 21428-1-2. Transformadores trifásicos de distribución sumergidos en un líquido aislante, 50 Hz, de 25 kVA a 3 150 kVA con tensión más elevada para el material hasta 36 kV. Parte 1: Requisitos generales. Sección 2: Requisitos para transformadores bitensión en baja tensión. EDIC.:2021.	UNE 21428-1-2:2011; UNE 21428-1-2:2017.	
UNE 21428-1-3. Transformadores trifásicos de distribución sumergidos en un líquido aislante, 50 Hz, de 25 kVA a 3 150 kVA con tensión más elevada para el material hasta 36 kV. Parte 1: Requisitos generales. Sección 3: Requisitos para transformadores bitensión en alta tensión y bitensión en baja tensión. EDIC.:2021.	UNE 21428-1-1:2011; UNE 21428-1-3:2017.	

UNE 21538-1. Transformadores trifásicos de distribución tipo seco 50 Hz, de 100 kVA a 3150 kVA, con tensión más elevada para el material de hasta 36 kV. Parte 1: Requisitos generales. Complemento nacional. EDIC.:2023.	UNE 21538-1:2013; UNE 21538-1:2018.	
UNE-EN 50464-3. Transformadores trifásicos de distribución sumergidos en aceite 50 Hz, de 50 kVA a 2500 kVA con tensión más elevada para el material de hasta 36 kV. Parte 3: Determinación de la potencia asignada de transformadores con corrientes no sinusoidales. EDIC.:2010.		
UNE-EN 50541-1. Transformadores trifásicos de distribución tipo seco 50 Hz, de 100 kVA a 3150 kVA, con tensión más elevada para el material de hasta 36 kV. Parte 1: Requisitos generales. EDIC.:2012.		
UNE-EN 50541-2. Transformadores trifásicos de distribución tipo seco 50 Hz, de 100 kVA a 3 150 kVA, con tensión más elevada para el material de hasta 36 kV. Parte 2: Determinación de las características de potencia de un transformador cargado con corrientes no sinusoidales. EDIC.:2014.	UNE 21538-3:1997.	
UNE-EN 50588-2. Transformadores de media potencia a 50 Hz, con tensión más elevada para el material no superior a 36 kV. Parte 2: Transformadores con cajas de cable en el lado de alta y/o baja tensión. Requisitos generales para transformadores con potencia asignada inferior o igual a 3 150 kVA. EDIC.:2019.	UNE-EN 50464-2-1:2010.	
UNE-EN 50588-3. Transformadores de media potencia a 50 Hz, con tensión más elevada para el material no superior a 36 kV. Parte 3: Transformadores con cajas de cable en el lado de alta y/o baja tensión. Cajas de cable tipo 1 para transformadores que cumplan con los requisitos de la norma EN 50588-2. EDIC.:2018.	UNE-EN 50464-2-2:2010.	

UNE-EN 50588-4. Transformadores de media potencia a 50 Hz, con tensión más elevada para el material no superior a 36 kV. Parte 4: Transformadores con cajas de cable en el lado de alta y/o baja tensión. Cajas de cable tipo 2 para transformadores que cumplan con los requisitos de la norma EN 50588-2. EDIC.:2018.	UNE-EN 50464-2-3:2010.	
UNE-EN 50708-1-1. Transformadores de potencia. Requisitos europeos adicionales. Parte 1-1: Parte común. Requisitos generales. EDIC.:2021.	UNE-EN 50464-1:2010 y sus modificaciones posteriores; UNE-EN 50588-1:2016 y sus modificaciones posteriores; UNE-EN 50588-1:2018.	
UNE-EN 50708-2-1. Transformadores de potencia. Requisitos europeos adicionales. Parte 2-1: Transformador de media potencia. Requisitos generales. EDIC.:2021.	UNE-EN 50464-1:2010 y sus modificaciones posteriores; UNE-EN 50588-1:2016 y sus modificaciones posteriores; UNE-EN 50588-1:2018.	
UNE-EN 60076-1. Transformadores de potencia. Parte 1: Generalidades. EDIC.:2013.	UNE-EN 60076-1:1998 y sus modificaciones posteriores.	
UNE-EN 60076-2. Transformadores de potencia. Parte 2: Calentamiento de transformadores sumergidos en líquido. EDIC.:2013.		
UNE-EN 60076-3. Transformadores de potencia. Parte 3: Niveles de aislamiento, ensayos dieléctricos y distancias de aislamiento en el aire. EDIC.:2014; 2014/A1:2018.	UNE-EN 60076-3:2002 y sus modificaciones posteriores.	

UNE-EN 60076-5. Transformadores de potencia. Parte 5: Aptitud para soportar cortocircuitos. EDIC.:2008.		
UNE-EN IEC 60076-11. Transformadores de potencia. Parte 11: Transformadores de tipo seco. EDIC.:2021.	UNE-EN 60076-11:2005.	

Centros de transformación prefabricados		
Referencia norma UNE, título y ediciones*	Sustituye**	Coexistencia
UNE-EN IEC 62271-202. Aparamenta de alta tensión. Parte 202: Subestaciones prefabricadas de corriente alterna para tensiones asignadas superiores a 1 kV e inferiores o iguales a 52 kV. EDIC.:2023.	UNE-EN 62271-202:2007; UNE-EN 62271-202:2015 y sus modificaciones posteriores.	
UNE-EN IEC 62271-212. Aparamenta de alta tensión. Parte 212: Conjuntos compactos de equipos para centros de transformación (CEADS) en corriente alterna para tensiones inferiores o iguales a 52 kV. EDIC.:2023.	UNE-EN 50532:2011; UNE-EN 62271-212:2017.	

Transformadores de medida y protección		
Referencia norma UNE, título y ediciones*	Sustituye**	Coexistencia
UNE-EN 50482. Transformadores de medida. Transformadores de tensión inductivos trifásicos con Um hasta 52 kV. EDIC.:2009.		
UNE-EN 61869-1. Transformadores de medida. Parte 1: Requisitos generales. EDIC.:2010; 2010 ERRATUM:2011.		
UNE-EN 61869-2. Transformadores de medida. Parte 2: Requisitos adicionales para los transformadores de intensidad. EDIC.:2013.	UNE-EN 60044-1:2000 y sus modificaciones posteriores.	
UNE-EN 61869-3. Transformadores de medida. Parte 3: Requisitos adicionales para los transformadores de tensión inductivos. EDIC.:2012.	UNE-EN 60044-2:1999 y sus modificaciones posteriores.	

UNE-EN 61869-4. Transformadores de medida. Parte 4: Requisitos adicionales para transformadores combinados. EDIC.:2017.	UNE-EN 60044-3:2004; UNE-EN 61869-4:2014.	
UNE-EN 61869-5. Transformadores de medida. Parte 5: Requisitos adicionales para los transformadores de tensión capacitivos. EDIC.:2012; 2012/AC:2015.	UNE-EN 60044-5:2005.	

Pararrayos		
Referencia norma UNE, título y ediciones*	Sustituye**	Coexistencia
UNE-EN 60099-1. Pararrayos. Parte 1: Pararrayos de resistencia variable con explosores para redes de corriente alterna. EDIC.:1996; A1:2001.		
UNE-EN 60099-4. Pararrayos. Parte 4: Pararrayos de óxido metálico sin explosores para sistemas de corriente alterna. EDIC.:2016.	UNE-EN 60099-4:2005 y sus modificaciones posteriores.	

Fusibles de alta tensión		
Referencia norma UNE, título y ediciones*	Sustituye**	Coexistencia
UNE 21120-2. Fusibles de alta tensión. Parte 2: Fusibles de expulsión. EDIC.:2021.	UNE 21120-2:1998 y sus modificaciones posteriores.	
UNE-EN IEC 60282-1. Fusibles de alta tensión. Parte 1: Fusibles limitadores de corriente. EDIC.:2021.	UNE-EN 60282-1:2011 y sus modificaciones posteriores.	

Cables y accesorios de conexión de cables		
Referencia norma UNE, título y ediciones*	Sustituye**	Coexistencia
UNE 21027-9. Cables eléctricos de baja tensión. Cables de tensión asignada inferior o igual a 450/750 V (Uo/U). Cables unipolares sin cubierta, con aislamiento reticulado y con altas prestaciones respecto a la reacción al fuego, para instalaciones fijas. EDIC.:2017.	UNE 21027-9:2007/1C:2009; UNE 21027-9:2014.	

UNE 211002. Cables eléctricos de baja tensión. Cables de tensión asignada inferior o igual a 450/750 V (Uo/U). Cables unipolares sin cubierta, con aislamiento termoplástico, y con altas prestaciones respecto a la reacción al fuego, para instalaciones fijas. EDIC.:2017.	UNE 211002:2012.	
UNE 211006. Ensayos previos a la puesta en servicio de sistemas de cables eléctricos de alta tensión en corriente alterna. EDIC.:2010.		
UNE 211027. Accesorios de conexión. Empalmes y terminaciones para redes subterráneas de distribución con cables de tensión asignada hasta 18/30 (36 kV). EDIC.:2024.	UNE 211027:2013.	
UNE 211028. Accesorios de conexión. Conectores separables apantallados enchufables y atornillables para redes subterráneas de distribución con cables de tensión asignada hasta 18/30 (36) kV. EDIC.:2024.	UNE 211028:2013 y sus modificaciones posteriores.	
UNE 211605. Ensayo de envejecimiento climático de materiales de revestimiento de cables. EDIC.:2022.	UNE 211605:2013.	
UNE-EN 60332-1-2. Métodos de ensayo para cables eléctricos y cables de fibra óptica sometidos a condiciones de fuego. Parte 1-2: Ensayo de resistencia a la propagación vertical de la llama para un conductor individual aislado o cable. Procedimiento para llama premezclada de 1 kW. EDIC.:2005; 2005/A1:2016; 2005/A11:2016; 2005/A12:2021.		
UNE-EN IEC 60228. Conductores de cables aislados. EDIC.:2025.	UNE-EN 60228:2005 y sus modificaciones posteriores.	Coexiste con la norma UNE-EN 60228:2005 y sus modificaciones posteriores hasta 13-06-2027.

UNE-HD 620-10E2. Cables eléctricos de distribución con aislamiento extruido, de tensión asignada desde 3,6/6 (7,2) kV hasta 20,8/36 (42) kV inclusive. Parte 10: Cables unipolares y unipolares reunidos con aislamiento de XLPE. Sección E2: Cables con pantalla de tubo de aluminio y cubierta de compuesto de poliolefina (tipos 10E-6, 10E-7, 10E-8 y 10E-9). EDIC.:2024.	UNE 211620:2012; UNE 211620:2020.	

(*)   Fecha de aplicabilidad de las nuevas normas o ediciones: el día siguiente de la publicación de la Resolución de 18 de septiembre de 2025, de la Dirección General de Estrategia Industrial y de la Pequeña y Mediana Empresa en el «Boletín Oficial del Estado». Cuando se incluya una nueva norma de instalación en este listado, a efectos de aplicación, se considerarán exentas las instalaciones que se encuentren en fase de ejecución, siempre que el correspondiente proyecto de instalación haya sido firmado electrónicamente o visado antes de la fecha de aplicabilidad. Dispondrán de un plazo máximo de dos años durante los cuales se podrán poner en servicio de acuerdo con lo establecido en las normas de instalación vigentes en el momento de la firma o visado del proyecto

(**)   Fecha final de coexistencia con las normas o ediciones anteriores: 1 de abril de 2026, salvo cuando haya un periodo más prolongado indicado explícitamente para cada norma en la columna «Coexistencia». Cuando se sustituye o modifica una norma por una nueva norma o edición, correspondientemente, a efectos de aplicación, pueden utilizarse ambas hasta la fecha final de coexistencia

Se actualiza como se indica en el anexo de la Resolución de 18 de septiembre de 2025, según establece su apartado segundo. Ref. BOE-A-2025-19509

Última actualización publicada el 01/10/2025, en vigor a partir del 2/10/2025.

3

Instrucción Técnica Complementaria
ITC-RAT 03 y GUÍA RAT 03[1]

DECLARACIÓN DE CONFORMIDAD PARA LOS EQUIPOS Y APARATOS PARA INSTALACIONES DE ALTA TENSIÓN

Edición: junio 2017 Revisión: 2

Índice

---

[1] El texto correspondiente a la Guía Técnica de Aplicación GUÍA-RAT 03 aparece en recuadros para diferenciarlos del texto de la Instrucción Técnica Complementaria ITC-RAT-03.

1. REQUISITOS A CUMPLIR

Antes de comercializar un producto, el fabricante del equipo o aparato elaborará un expediente técnico que contendrá la documentación necesaria para demostrar el cumplimiento del producto con los requisitos establecidos en las normas y especificaciones técnicas que le sean de aplicación y que se establecen como de obligado cumplimiento en la ITC-RAT 02, así como los requisitos técnicos establecidos en su caso en las instrucciones técnicas de este Reglamento sobre condiciones técnicas y garantías de seguridad en instalaciones eléctricas de alta tensión.

Salvo las excepciones descritas en el párrafo 5 de este apartado 1º, en referencia a las pruebas "piloto", el Expediente Técnico se elaborará y estará disponible antes de la comercialización del producto. Según la definición del *Reglamento (CE) No 765/2008 del Parlamento Europeo y del Consejo de 9 de julio de 2008* comercialización es "todo suministro, remunerado o gratuito, de un producto para su distribución, consumo o uso en el mercado en el transcurso de una actividad comercial".

La obligación de elaborar el expediente técnico aplica exclusivamente a productos o equipos que estén sujetos a este Reglamento, es decir, que deban cumplir alguna de las normas de la ITC-RAT 02 y de los requisitos adicionales que, en su caso, puedan estar indicados en las ITC-RAT 05 a ITC-RAT 18, que le sean de aplicación.

En particular, para los cables de alta tensión y sus accesorios, cuya tensión nominal entre fases sea superior a 1 kV, no se requiere de la elaboración de expediente técnico o declaración de conformidad, ya que no son equipos o aparatos de alta tensión y tienen una Reglamentación específica aplicable que es el Reglamento de líneas de alta tensión, aprobado por el RD 223/2008.

En general, los productos que no estén cubiertos por este Reglamento (RD 337/2014) y se incorporen en los equipos eléctricos como componentes no necesitan disponer de un Expediente Técnico ni Declaración de Conformidad, a menos que lo exija otra reglamentación que les afecte. En ese caso la documentación se atenderá a lo exigido en dicha reglamentación. Por ejemplo, los cables de baja tensión que puedan constituir parte de los circuitos auxiliares asociados a las instalaciones de alta tensión, no constituyen propiamente un equipo o aparato y, por tanto, no están sujetos a la elaboración del expediente técnico y declaración de conformidad según esta ITC-RAT 03, aunque sí que los requieren en aplicación de las directivas europeas.

No obstante, existen productos que incorporan componentes que, a su vez, son productos incluidos, en principio, en el Reglamento de instalaciones de alta tensión. En estos casos se pueden dar dos supuestos diferentes:

a) El componente se fabrica no para comercialización directa (y por lo tanto no se pone en el mercado como tal) sino para ser incorporado en otro de mayor nivel de integración. En este caso no será necesaria la elaboración de un expediente técnico específico del componente, pero el cumplimiento de los requisitos se incorporará en el expediente del producto superior dentro del cual se incorpora. Ejemplo: una celda de MT en la que se incorpora un interruptor que se fabrica exclusivamente para incorporar en la celda).

b) El componente se comercializa y es puesto en el mercado como tal. Por lo tanto, el fabricante del componente deberá elaborar el correspondiente expediente técnico y suministrar copia de la Declaración de Conformidad en cada operación comercial. A su vez el fabricante del producto superior, que contenga el componente, simplemente incorporará en su expediente técnico la Declaración de conformidad de componente Ejemplo una celda de MT, en la que se incorpora: a) un interruptor automático de venta en el mercado, sea o no fabricado por el mismo fabricante de la celda. Otro ejemplo: un cuadro de mando y control para la gestión de la red Inteligente, que se incorpore en un Centro de transformación prefabricado.

A modo de ejemplo otra situación que puede darse se refiere a cuadros de control, monitorización y mando, destinados, por ejemplo, a redes inteligentes. En este caso se pueden dar, a su vez, dos situaciones:

a) El cuadro es un diseño singular que ha sido construido de acuerdo con especificaciones del cliente para su utilización en una ubicación concreta. En ese caso será de aplicación lo establecido en el párrafo 6 del apartado 2, es decir requerirá la elaboración de un Expediente simplificado.

b) El cuadro es de diseño estándar y se comercializa y se pone en el mercado como tal. En ese caso se deberá de elaborar el correspondiente Expediente Técnico y emitir la Declaración de conformidad de acuerdo en este caso con la ITC-RAT 10.

En todo caso los componentes de los cuadros, que no están cubiertos por el RAT, no necesitaran Expediente Técnico ni Declaración de Conformidad, a menos que les sea exigido por otra Reglamentación que les aplique.

Tal y como recogen el párrafo 5 del apartado 2º, y el apartado 3º de la propia ITC- RAT 03, bajo la denominación genérica de "producto", la Declaración de Conformidad y el Expediente Técnico asociado pueden englobar a una familia de productos. En estos casos se podrán utilizar ensayos realizados sobre un miembro de la familia para probar el cumplimiento de las exigencias del reglamento a otro miembro o miembros de la familia, una vez justificada la extensión de la validez de dichos ensayos. En este sentido puede servir de guía la metodología descrita en el documento internacional TR IEC 62271-307 Guía para la extensión de la validez de los ensayos de tipo en aparamenta bajo envolvente metálica de corriente alterna para tensiones superiores a 1 kV hasta 52 kV. Como este documento aplica solo a celdas bajo envolvente metálica, en el caso de otro tipo de productos pudiera utilizarse como referencia de la filosofía a seguir en cada caso concreto

El fabricante o su representante autorizado establecido en la Unión Europea elaborarán por escrito una declaración de conformidad de la que se entregará una copia al usuario junto con el producto. Asimismo, con el producto se entregarán las indicaciones necesarias para su correcta instalación, uso y mantenimiento.

La información sobre instalación, uso y mantenimiento, (Manual de instalación, uso y mantenimiento), seguirá las recomendaciones de las normas aplicables al producto listadas en la ITC-RAT 02, si las hubiera. Si este no fuera el caso, el Manual pudiera seguir, dentro de lo posible, la estructura de la recomendación del capítulo 10 de la norma UNE-EN 62271-1

La documentación técnica y la declaración de conformidad contendrán al menos la información requerida en el apartado 2.

En ausencia de tales normas, o en aquellos casos en los que la aplicación estricta de las normas reglamentarias no permita una solución óptima a un problema, el proyectista de la instalación deberá justificar las variaciones necesarias o proponer otras normas o especificaciones cuya aplicación considere más idónea. En estos casos, el proyectista deberá obtener de forma previa a la elaboración del proyecto de la instalación la autorización de la Administración pública competente.

En este párrafo la referencia a "tales normas" y "normas reglamentarias" debe entenderse en sentido amplio, incluyendo también los requisitos y exigencias adicionales que puedan existir en la ITC-RAT que corresponda, así como las especificaciones particulares de las Compañías eléctricas aprobadas por la administración, cuando sean aplicables a la instalación

La expresión *"solución óptima"* se refiere a los aspectos técnicos, de seguridad y de prestaciones, no a aspectos puramente económicos.

La solicitud de autorización previa a la elaboración del proyecto incluirá junto a las variaciones necesarias y las normas o especificaciones alternativas que se proponen, la descripción detallada de las razones por las cuales el reglamento no pueda ser utilizado en su totalidad o en parte y las consecuencias negativas que ello tendría en la seguridad y comportamiento técnico del equipo o instalación.

Debido a que las competencias ejecutivas en materia de industria recaen en las Comunidades Autónomas, la administración pública competente para otorgar la autorización son los servicios territoriales de Industria de la Comunidad Autonómica en la que se pretende realizar la instalación. En el caso de que estas instalaciones se vayan a llevar a cabo en varias Comunidades Autónomas, la autorización podrá ser otorgada también por el Ministerio de Industria, Energía y Turismo.

Con el objeto de facilitar la innovación tecnológica y el desarrollo de nuevos equipos de alta tensión y para caracterizar su comportamiento en condiciones reales de servicio, se podrán instalar dichos productos en condiciones de prueba piloto, bajo la vigilancia y supervisión del titular de la instalación, sin necesidad de que dicho producto requiera de expediente técnico o declaración de conformidad. El titular de la instalación entregará una documentación escrita indicando como mínimo las características técnicas de la instalación, su ubicación, las medidas de seguridad adoptadas, verificaciones periódicas a realizar y la duración de la prueba, para justificar ante la Administración pública competente que se trata de una instalación piloto y que se garantiza la seguridad de las personas y bienes.

El carácter de "prueba piloto" de una instalación no exime del cumplimiento de las normas específicas recogidas por la ITC-RAT-02, o las normas alternativas que, si fuera el caso, se hayan propuesto. Eso aplica tanto para la propia instalación como para los productos novedosos que incorpore, además de los requisitos correspondientes a la seguridad para personas y bienes recogidos en el propio Reglamento. En este sentido la documentación escrita que se requiere constituye "de facto" un Expediente Técnico "preliminar" que deberá incluir no solo características y valores asignados sino también ensayos de rutina o justificaciones técnicas del cumplimiento de mínimas exigencias de seguridad, (ensayos dieléctricos, grados de protección, enclavamientos, puesta a tierra, etc.)

Si la prueba piloto requiere la utilización de más de una unidad del producto, la documentación preliminar deberá indicar el número de unidades que se utilizarán, y se describirán las condiciones de utilización en cada una de las ubicaciones. La duración de la prueba piloto deberá estar definida en la documentación, justificándose la duración mínima para la consecución de los objetivos previstos.

Finalizada la duración prevista de la prueba piloto, se deberá completar la documentación de la instalación conforme a lo requerido en la ITC-RAT 22, y aplicarse el régimen de verificaciones e inspecciones de la ITC-RAT 23.

Para la autorización y calificación definitiva de una instalación piloto que no se desmonte y que por tanto adquiera la condición de instalación permanente, de acuerdo con la ITC-RAT23 punto 3.3.2 b), se deberá elaborar el expediente o expedientes técnicos que exige la presente ITC-RAT 03, incluyendo las declaraciones de conformidad que se deriven de los productos empleados.

El producto se marcará con la información que determinen las normas o especificaciones técnicas que se establecen como de obligado cumplimiento en la ITC-RAT 02, con las siguientes indicaciones mínimas:

a)   Identificación del fabricante.

b)   Marca y modelo, si procede.

c)   Tensión e intensidad asignada, si procede.

La Administración pública competente verificará en sus campañas de inspección de mercado el cumplimiento de las exigencias técnicas de los materiales y equipos sujetos a este Reglamento sobre condiciones técnicas y garantías de seguridad en instalaciones eléctricas de alta tensión.

La verificación del cumplimiento de las "exigencias técnicas de los materiales y equipos", puede incluir la verificación y revisión del contenido del Expediente Técnico, para garantizar no solo el cumplimiento de las características y ensayos asignados al producto de acuerdo a las normativas definidas por la ITC-RAT-02 sino también los requisitos adicionales exigibles que aparezcan en las ITC-RAT que sean aplicables.

Las competencias ejecutivas en las actuaciones de inspección y control recaen en las Comunidades Autónomas. Igualmente, el Ministerio de Industria, Energía y Turismo podrá promover, en colaboración con las respectivas Comunidades Autónomas, planes y campañas, de carácter nacional, de comprobación, mediante muestreo, de las condiciones de seguridad de los productos industriales objeto de este Reglamento.

Los laboratorios encargados de los ensayos de las campañas de inspección de mercado serán laboratorios acreditados por ENAC o por otra organización de acreditación con la que ENAC tenga firmados acuerdos de reconocimiento mutuo.

Se presupondrá la conformidad de los equipos y materiales con las normas y especificaciones técnicas aplicables cuando estos dispongan de marcas o certificados de conformidad con respecto a dichas normas o especificaciones técnicas aplicables, emitidos por entidades acreditadas para tal fin, según los procedimientos establecidos en el Real Decreto 2200/1995, de 28 de diciembre, por el que se aprueba el Reglamento de la infraestructura para la calidad y la seguridad industrial.

Se entiende que las marcas o certificados de conformidad deben hacer referencia tanto al cumplimiento de la normativa incluida en la ITC-RAT 02 como a las "especificaciones técnicas aplicables" entendiendo como tales los requisitos adicionales contenidos en las ITC-RAT que sean relevantes en cada caso, y en su caso, los contenidos en las especificaciones particulares de Compañías Eléctricas aprobadas por el Ministerio de Industria, Turismo y Comercio.

Para la comercialización de productos provenientes de los Estados miembros de la Unión Europea, del Espacio Económico Europeo, o de otros Estados con los cuales existan los correspondientes acuerdos de reconocimiento mutuo, que estén sometidos a las reglamentaciones nacionales de seguridad industrial, la Administración pública competente deberá aceptar la validez de los certificados y marcas de conformidad a normas y las actas o protocolos de evaluación de la conformidad oficialmente reconocidos en dichos Estados, siempre que se reconozca, por la mencionada Administración pública, que los agentes que los realizan ofrecen garantías técnicas, profesionales y de independencia e imparcialidad equivalente a las exigidas por la legislación española y que las disposiciones legales vigentes del Estado con base en las que se evalúa la conformidad comporten unas condiciones técnicas y una garantía de seguridad equivalentes a las exigidas por las correspondientes disposiciones españolas.

Para el reconocimiento de estas marcas de conformidad, el interesado en la instalación de estos productos debe demostrar ante el Ministerio de Industria, Turismo y Comercio que la entidad de certificación que otorga la marca ha considerado los requisitos de las normas aplicables para el equipo de alta tensión según la ITC-RAT 02, y las especificaciones técnicas adicionales que puedan, en su caso, requerir las correspondientes ITC-RATel De esta manera el reconocimiento de la marca garantizará que se han tenido en cuenta todos los requisitos aplicables según el Reglamento.

La existencia de las marcas de conformidad reconocidas por otros Estados miembro no exime de la obligación de presentar la Declaración de conformidad con el RAT, tal como queda establecido en esta ITC-RAT 03.

2. EXPEDIENTE TÉCNICO Y DECLARACIÓN DE CONFORMIDAD

El fabricante o su representante autorizado establecido en la Unión Europea deben mantener el expediente técnico a la disposición de la autoridad nacional española de vigilancia de mercado para inspección durante al menos cinco años desde la última fecha de fabricación del producto. La documentación puede guardarse en soporte electrónico siempre y cuando sea fácilmente accesible para la inspección.

Las Comunidades autónomas o el Ministerio de Industria, Turismo y Comercio podrán solicitar al fabricante o representante autorizado el expediente técnico de uno o varios equipos de alta tensión para su verificación. El fabricante deberá aclarar cualquier duda de interpretación que pueda surgir durante esta verificación.

Cuando el fabricante no esté establecido en la Unión Europea, y carezca de representante autorizado en la misma, esta obligación corresponderá al importador o a la persona responsable de comercializar el producto en España.

Adicionalmente, el fabricante, su representante autorizado, o en su defecto el importador o comercializador debe emitir en idioma español la correspondiente "Declaración de conformidad" de acuerdo con esta ITC-RAT 03.

La documentación técnica debe incluir los aspectos del diseño, la fabricación y el funcionamiento del producto en la medida en que estos sean necesarios para evaluar su conformidad con los requisitos referidos en el apartado 1, e incluirá lo siguiente:

a) Descripción general del producto.

b) La lista de normas o especificaciones técnicas aplicadas.

c) Condiciones de servicio para las cuales se ha diseñado el producto.

d) Características asignadas según las normas o especificaciones aplicables.

e) Soluciones adoptadas en el diseño y construcción del producto, incluyendo planos de diseño con dimensiones generales, junto con la lista de componentes principales y sus características, así como los esquemas eléctricos.

f) Ensayos de tipo con resultado favorable.

g) Referencia al sistema de calidad de fabricación utilizado para garantizar la conformidad de la producción.

Contenido del Expediente técnico:

La información técnica de los apartados a) hasta e) podrá estar recogida en uno o varios documentos, por ejemplo, especificación técnica del producto, manuales de instrucciones, y catálogos.

El apartado f) incluirá una tabla resumen listando el tipo de ensayo aplicable, el número de informe y el laboratorio que emite el informe De esta manera se facilitará la revisión de los expedientes técnicos por parte de la administración, con objeto de que pueda solicitar los informes relevantes en cada caso.

Los ensayos de tipo serán, como mínimo, los indicados por las normas de aplicación recogidas en la ITC-RAT 02, siendo dichos ensayos extensibles a otras unidades de la misma familia siempre y cuando cumplan los requisitos definidos en el TR 62271-307, para el caso de equipos bajo envolvente, o documentos internacionales similares que puedan elaborarse en el futuro para otro tipo de productos. (Por ejemplo IEC ha puesto en marcha el proceso para elaborar un documento de esta clase para los centros de transformación prefabricados, según la norma IEC 62271-202).

En el caso de productos para los que no haya este tipo de documentos soporte, el expediente técnico incluirá la justificación técnica que avale la extensión de aplicabilidad de los ensayos.

Los ensayos de tipo se podrán realizar en los laboratorios del fabricante siempre que tenga las instalaciones necesarias y un sistema de gestión de garantía de calidad.

En el caso en que la aplicación estricta de las normas reglamentarias no permita una solución óptima a un problema, el fabricante deberá indicar las especificaciones aplicadas según la autorización otorgada por la Administración pública competente, junto con los ensayos con resultado favorable que se establezcan como necesarios en su caso.

La referencia a "normas reglamentarias" debe entenderse en sentido amplio, incluyendo también los requisitos y exigencias adicionales que puedan existir en la ITC-RAT que corresponda, así como las especificaciones particulares de las Compañías eléctricas aprobadas por la administración, cuando sean aplicables al producto.

La expresión *"solución óptima"* se refiere a los aspectos técnicos, de seguridad y de prestaciones, no a aspectos puramente económicos.

La solicitud de autorización previa a la elaboración del proyecto incluirá junto a las variaciones necesarias y las normas o especificaciones alternativas que se proponen, la descripción detallada de las razones por las cuales el reglamento no pueda ser utilizado en su totalidad o en parte y las consecuencias negativas que ello tendría en la seguridad y comportamiento técnico del equipo o instalación.

Debido a que las competencias ejecutivas en materia de industria recaen en las Comunidades Autónomas, la administración pública competente para otorgar la autorización son los servicios territoriales de Industria de la Comunidad Autonómica en la que se pretende realizar la instalación. En el caso de que estos productos o equipos se pretendan comercializar en varias Comunidades Autónomas, la autorización podrá ser otorgada también por el Ministerio de Industria, Energía y Turismo.

Cuando un fabricante diseñe y construya una gama de productos de alta tensión compuesta por varios modelos que compartan aspectos constructivos comunes, pero con características distintas dentro de un cierto rango de variación en cuanto a su potencia, intensidad, tensión asignada, u otros parámetros relevantes, se podrá considerar que dicha gama de productos pertenece a una misma familia definida en un expediente técnico único a efectos de justificar el cumplimiento con los requisitos de esta instrucción. En estos casos, de entre todos los modelos de la familia se elegirán aquellos que estén sometidos a solicitaciones más elevadas para justificar que se cumplen los requisitos de seguridad aplicables o para la realización de los ensayos de tipo.

Los ensayos de tipo recogidos en el Expediente Técnico de la familia serán, como mínimo, los indicados por las normas de aplicación recogidas en la ITC-RAT 02, siendo dichos ensayos extensibles a otras unidades de la misma familia.

Los expedientes técnicos de aquellos equipos singulares que contengan partes fabricadas de acuerdo con especificaciones del cliente, y destinados para su instalación en una ubicación concreta, podrán tener un contenido simplificado, incluyendo al menos las especificaciones acordadas con el cliente y las medidas tomadas para garantizar su cumplimiento.

No obstante, un Expediente Simplificado debería contener también la relación de protocolos de ensayo realizados (con resultado favorable) de acuerdo a las normas de obligado cumplimiento (ITC-RAT 02) que sirvan para probar el cumplimiento con los requisitos del Reglamento. Y así mismo, y cuando corresponda, la justificación de la extensión al equipo o parte del equipo singular de la validez de ensayos realizados sobre otros equipos de la familia.

En todo caso, el equipo debe suministrarse junto con su correspondiente Declaración de Conformidad

El fabricante o su representante autorizado establecido en la Unión Europea o, cuando el fabricante no esté establecido en la Unión Europea y carezca de representante autorizado en la misma, el importador o la persona responsable de la comercialización del producto, deben conservar una copia de la declaración de conformidad y ponerla a la disposición de la autoridad competente de vigilancia de mercado con fines de inspección, al igual que el expediente técnico. Así pues, la autoridad competente de vigilancia de mercado puede, llegado el caso, pedir una copia de la declaración de conformidad o del expediente técnico que se deberán entregar en un plazo inferior a 15 días hábiles.

Este requisito se entiende que incorpora la obligación de mantener la documentación disponible hasta 5 años desde la finalización de la fabricación del equipo (ver los párrafos 1 y 2 de este apartado).

La declaración de conformidad tendrá el siguiente contenido:

a) Nombre y dirección del fabricante y de su representante autorizado establecido en la Unión Europea, en caso necesario.

b) Descripción del producto.

c) Identificación de las normas o especificaciones técnicas y de las ITC-RAT aplicadas del Reglamento sobre condiciones técnicas y garantías de seguridad en instalaciones eléctricas de alta tensión, incluyendo la fecha de edición correspondiente.

d) Identificación en su caso del mandatario al que se haya otorgado poderes para representar al fabricante o su representante autorizado establecido en la Unión Europea.

e) Año de la primera comercialización del producto en España.

La Declaración de Conformidad, se adjuntará junto con el Manual Instrucciones del producto.

El expediente técnico y la declaración de conformidad deberán estar redactados en español, con la excepción de los informes de ensayo de tipo y planos que se aceptarán en cualquiera de los idiomas oficiales de la Unión Europea.

3. CRITERIOS PARA LA DEFINICIÓN DE FAMILIAS DE PRODUCTOS Y ENSAYOS A REALIZAR

Una familia de productos de alta tensión está formada por distintos modelos que comparten no obstante una serie de características técnicas y constructivas comunes.

Generalmente no es necesario repetir todos los ensayos de tipo y especiales sobre cada uno de los modelos englobados en una familia. Estos ensayos se pueden realizar sobre un modelo de referencia si resultan igual o más exigentes que para cualquier otro modelo de la familia. Para asegurar que los ensayos son extensibles a todos los modelos de la familia podría ser necesario realizar algún ensayo adicional sobre otro u otros modelos de la familia. El fabricante justificará en cada caso el modelo de referencia dentro de la familia utilizado para la elaboración del expediente técnico, y el criterio técnico usado para aplicar la extensión de validez de los ensayos que prevén las normas y en su caso los ensayos adicionales necesarios.

Independientemente de lo anterior, los ensayos individuales serán realizados por el fabricante para cada uno de los modelos de la familia.

Los ensayos individuales serán realizados a cada una de las unidades fabricadas.

Anexo 1.

Productos puestos en el mercado con anterioridad a la fecha de exigibilidad obligatoria del Reglamento (9 de junio de 2016)

El Reglamento exige la entrega de la declaración de Conformidad junto con el producto. A su vez, según la ITC-RAT 22, las copias de las declaraciones de conformidad de los equipos cubiertos por este reglamento deben de formar parte de la Documentación a presentar para obtener la autorización administrativa para la puesta en servicio. La ausencia de estas declaraciones de conformidad se considera un defecto grave según se indica en la ITC-RAT 23.

En la práctica sin embargo se pueden producir situaciones en la que una instalación, pongamos por ejemplo una subestación o un centro de transformación, incorporen productos que hayan sido puestos en el mercado con anterioridad al 9 de junio de 2016. En este caso el producto no contará con su correspondiente declaración de Conformidad. Este hecho, sin embargo, no significa que el producto no satisfaga los requisitos técnicos del Reglamento.

Se plantea cómo ha de actuarse con productos comercializados antes del 9 de junio de 2016, por ejemplo, en casos tales como:

a) **Caso 1**. Producto singular que, al menos en parte se ha fabricado de acuerdo con especificaciones particulares del cliente, ha sido suministrado a éste con anterioridad al 9 de junio de 2016, pero va a ser instalado después de esa fecha.

b) **Caso 2**. Producto, actualmente descatalogado, que se ha fabricado con arreglo al reglamento de 1982 y entregado al cliente antes del 9 de junio de 2016, y va a ser instalado después de esa fecha.

c) **Caso 3**. Producto, actualmente vigente en el catálogo del fabricante, pero que se ha fabricado y entregado al cliente (o a un agente intermedio en la cadena de suministro, por ejemplo, un almacenista o un instalador) antes del 9 de junio, para ser instalado con posterioridad a esa fecha.

Con objeto de dar salida a los posibles stocks de productos fabricados y puestos en el mercado antes del 9 de junio de 2016, disponibles en agentes intermedios tales como almacenistas, instaladores o adquiridos por las propias empresas de transporte y distribución de energía eléctrica, se permite la instalación de estos productos después de esta fecha. En todos estos casos, el producto no ha entrado previamente en servicio, por lo que basta con aportar evidencias objetivas, tales como protocolo de ensayos individuales o albarán de entrega, de que el producto ha sido puesto en el mercado antes del 9 de junio de 2016.

En el contexto de las actividades y prácticas habituales de las compañías de Distribución y en menor medida en instalaciones privadas se pudiera presentar un caso adicional más:

d) **Caso 4.** Producto que ha estado en servicio antes del 9 de junio de 2016 y que se sustituye por otro para cumplir nuevas necesidades de la red en el punto de instalación. El equipo que ha estado en servicio no necesitará de declaración de conformidad, aunque se reutilice en otra instalación nueva o existente con posterioridad al 9 de junio de 2016.

4

Instrucción Técnica Complementaria
ITC-RAT 04

TENSIONES NOMINALES

Índice

1. REQUISITOS A CUMPLIR

Las instalaciones eléctricas incluidas en este Reglamento sobre condiciones técnicas y garantías de seguridad en instalaciones eléctricas de alta tensión se clasificarán en las categorías siguientes, atendiendo a su tensión nominal:

a) Categoría especial: las de tensión nominal igual o superior a 220 kV y las de tensión inferior que formen parte de la Red de Transporte de acuerdo con lo establecido en la Ley 24/2013, de 26 de diciembre, del Sector Eléctrico.

b) Primera categoría: las de tensión nominal inferior a 220 kV y superior a 66 kV.

c) Segunda categoría: las de tensión nominal igual o inferior a 66 kV y superior a 30 kV.

d) Tercera categoría: las de tensión nominal igual o inferior a 30 kV y superior a 1 kV.

Si en la instalación existen circuitos o elementos en los que se utilicen distintas tensiones, el conjunto de la instalación se considerará, a efectos administrativos, al valor de la mayor tensión nominal.

Cuando en el proyecto de una nueva instalación se considere necesaria la adopción de una tensión nominal superior a 400 kV, la Administración pública competente establecerá la tensión que deba autorizarse.

La tensión más elevada del material U_m de una instalación de alta tensión será igual o superior al indicado en la Tabla 1.

Tabla 1. Tensiones nominales normalizadas

Tensión nominal de la red (U_n) kV	Tensión más elevada de la red (U_s) kV	Tensión más elevada del material (U_m) kV
3	3,6	3,6
6	7,2	7,2
10	12	12
15	17,5	17,5
20	24	24
25	30	36
30	36	36
45	52	52
66	72,5	72,5
110	123	123
132	145	145
220	245	245
400	420	420

2. TENSIONES NOMINALES NO NORMALIZADAS

Existiendo en el Territorio Nacional extensas redes a tensiones nominales diferentes de las que como normalizadas figuran en el apartado anterior, se admite su utilización dentro de los sistemas a que correspondan.

5

Instrucción Técnica Complementaria
ITC-RAT 05

CIRCUITOS ELÉCTRICOS

Índice

1. CIRCUITOS ELÉCTRICOS DE BAJA TENSIÓN CONSIDERADOS COMO DE ALTA TENSIÓN

Todos los circuitos de baja tensión no conectados a tierra, que estén en contacto con máquinas o aparatos de alta tensión, o que estén muy próximos a otros circuitos de alta tensión, deben ser considerados, a efectos de su disposición y servicio, como si fuesen ellos mismos elementos de alta tensión.

No se considerarán como circuitos de alta tensión, los circuitos de baja tensión próximos a otros de alta tensión con neutros o pantallas conectados a tierra directamente o a través de un dispositivo limitador de sobretensiones adecuado.

2. SEPARACIÓN DE CIRCUITOS

Los circuitos correspondientes a tensiones diferentes, deberán separarse entre sí y disponerse de modo que se reduzcan al mínimo los riesgos para las personas y la instalación.

3. CONDUCTORES ELÉCTRICOS

Los conductores podrán ser de cualquier material metálico que permita construir cables o perfiles de características adecuadas para su fin, debiendo presentar, además, resistencia a la corrosión.

Los conductores podrán emplearse desnudos o recubiertos de materiales aislantes apropiados.

4. CONEXIONES

Las conexiones de los conductores a los aparatos, así como los empalmes entre conductores, deberán realizarse mediante dispositivos adecuados, de forma tal que no incrementen sensiblemente la resistencia eléctrica del conductor.

Los dispositivos de conexión y empalme serán de diseño y naturaleza tal que eviten los efectos electrolíticos, si estos fueran de temer, y deberán tomarse las precauciones necesarias para que las superficies en contacto no sufran deterioro que perjudique la resistencia mecánica necesaria.

En estos dispositivos, así como en los de fijación de los conductores a los aisladores, se adoptarán medidas para limitar las posibles pérdidas por histéresis y por corrientes de Foucault, evitando establecer circuitos cerrados de materiales ferromagnéticos alrededor del conductor.

5. CANALIZACIONES

Los conductores de energía eléctrica en el interior del recinto de la instalación se consideraran divididos en canalizaciones de baja tensión y de alta tensión.

Las canalizaciones de baja tensión deberán ser dispuestas y realizadas de acuerdo con el Reglamento Electrotécnico para Baja Tensión.

Las canalizaciones de alta tensión deberán ser dispuestas y realizadas de acuerdo con el Reglamento sobre condiciones técnicas y garantías de seguridad en líneas eléctricas de alta tensión, considerando en la transición a las acometidas de instalaciones de alta tensión lo indicado en el apartado 5.2 de esta instrucción. Se tendrá en cuenta, en su disposición, el peligro de incendio, su propagación y consecuencias, para lo cual se procurará reducir al mínimo sus riesgos adoptando las medidas que a continuación se indican:

a) Las canalizaciones no deberán disponerse sobre materiales combustibles no autoextinguibles, ni se encontrarán cubiertas por ellos.

b) Los cables auxiliares de medida, mando, etc., se mantendrán separados de los cables con tensiones de servicio superiores a 1 kV o deberán estar protegidos mediante tabiques de separación o en el interior de canalizaciones o tubos metálicos puestos a tierra.

c) Las galerías subterráneas, atarjeas, zanjas y tuberías para alojar conductores deberán ser amplias y con ligera inclinación hacia los pozos de recogida de aguas, o bien estarán provistas de tubos de drenaje.

5.1. Canalizaciones con conductores desnudos

Las canalizaciones realizadas con conductores desnudos sobre aisladores de apoyo, deberán diseñarse teniendo en cuenta lo siguiente:

a) Tensión nominal entre conductores y entre éstos y tierra.

b) Nivel de aislamiento previsto.

c) Grado y tipo de contaminación ambiental.

d) Intensidades admisibles.

e) Diseño mecánico de la instalación bajo los efectos de los esfuerzos dinámicos derivados del cortocircuito.

f) Campo magnético resultante cuando este pueda afectar a elementos situados en las proximidades de la canalización.

El diámetro mínimo de los conductores de cobre será de 0,8 centímetros. Para materiales o perfiles diferentes, los conductores no tendrán una resistencia eléctrica superior ni una rigidez mecánica inferior a las correspondientes a la varilla de cobre de 0,8 cm de diámetro.

5.2. Canalizaciones con conductores aislados

En el diseño de estas canalizaciones se tendrá en cuenta lo especificado en el Reglamento sobre condiciones técnicas y garantías de seguridad en líneas eléctricas de alta tensión.

En la transición de las canalizaciones para su acometida a las instalaciones, se podrá reducir la profundidad y separación de los circuitos para adecuarlos a la entrada de la instalación, siendo las distancias al inicio de la transición las aplicables según el reglamento de líneas de alta o baja tensión que corresponda. En este tramo, la canalización mantendrá una inclinación tal que no se supere el mínimo radio de curvatura recomendado por el fabricante de los cables, estando los cables protegidos mediante tubos en todo el tramo.

5.2.1. Cables aislados

Las características e instalación de estos cables estarán de acuerdo con la ITC-LAT 06 del Reglamento sobre condiciones técnicas y garantías de seguridad en líneas eléctricas de alta tensión.

La instalación de estos cables aislados podrá ser:

a) Directamente enterrado en zanja abierta en el terreno con lecho y relleno de arena debidamente preparado.

b) En tubos debidamente enterrados en zanjas.

c) En atarjeas o canales revisables, con un sistema de evacuación de agua cuando estén a la intemperie. Este tipo de canalizaciones no podrá usarse en las zonas de libre acceso al público, salvo que el acceso al interior de la atarjea o canal revisable requiera de medios mecánicos para su manipulación, llaves o herramientas.

d) En bandejas, soportes, palomillas o directamente sujetos a la pared.

e) Colgados de fiadores, situados a una altura que permita, cuando sea necesario, la libre circulación sin peligro de personas o vehículos, siendo obligatoria la indicación del máximo gálibo admisible.

Cuando cualquiera de estas canalizaciones atraviese paredes, muros, tabiques o cualquier otro elemento que delimite secciones de protección contra incendios, se hará de forma tal que el cierre obtenido presente una resistencia al fuego equivalente.

5.2.2. Conductores rígidos recubiertos de material aislante

Estos conductores son generalmente barras, pletinas, alambrones o redondos recubiertos de material aislante. Estos conductores debido a su aislamiento, permiten reducir las distancias entre fases y a tierra, pero a efectos de seguridad a las personas, deben de considerarse como conductores desnudos, salvo que se incorporen en un conjunto prefabricado de aparamenta, conforme a lo establecido en la ITC-RAT 17.

6. INTENSIDADES ADMISIBLES EN LOS CONDUCTORES

La sección en los conductores desnudos utilizados en instalaciones de alta tensión se determinará de modo tal que la temperatura máxima en servicio (calentamiento más temperatura ambiente) no sea superior a 85 °C, tanto para conductores de cobre como de aluminio. Esta prescripción no es aplicable a los conductores que formen parte de un producto con norma de obligado cumplimiento según la ITC-RAT 02 ni en aquellos casos en los que el proyectista justifique que una temperatura de servicio superior no afecta a los materiales de soporte o aislantes en contacto con los conductores desnudos. Se deberán tomar las medidas apropiadas para compensar las dilataciones de las barras o varillas.

Para los conductores aislados, la sección se determinará teniendo en cuenta lo establecido en la ITC-LAT 06 del Reglamento sobre condiciones técnicas y garantías de seguridad en líneas eléctricas de alta tensión.

6

Instrucción Técnica Complementaria
ITC-RAT 06

APARATOS DE MANIOBRA
DE CIRCUITOS

Índice

1. MANIOBRA DE CIRCUITOS

Las maniobras de interrupción y seccionamiento de circuitos, deben ser efectuadas mediante aparatos adecuados a la operación a realizar. Los aparatos empleados para realizar estas maniobras cumplirán con las normas de producto aplicables en cada caso.

La intensidad máxima admisible de corta duración de los aparatos de maniobra de circuitos deberá ser adecuada para soportar la intensidad de cortocircuito máxima prevista en su punto de instalación.

2. INTERRUPTORES E INTERRUPTORES AUTOMÁTICOS

2.1. Los interruptores, automáticos o no, podrán emplear para la extinción del arco sistemas basados en el uso de dieléctricos como aceites o líquidos aislantes equivalentes, aire comprimido, hexafluoruro de azufre, vacío, y tecnologías basadas en los principios de soplado magnético, autosoplado, o cualquier otro principio que la experiencia aconseje.

Se indicarán claramente las posiciones de "cerrado" y "abierto", por medio de rótulos en el mecanismo de maniobra.

2.2. La maniobra de los interruptores podrá efectuarse de la forma que se estime más conveniente: mecánicamente, por resorte acumulador de energía, eléctricamente por solenoide o motor, por aire comprimido, etc.

Se prohíbe la utilización de interruptores, previstos para apertura y cierre manual, en los que el movimiento de los contactos sea dependiente de la actuación del operador. El interruptor debe de tener un poder de cierre y de corte independiente de la actuación del operador.

2.3. En el caso de interruptores de extinción de arco por aire comprimido, los depósitos de aire del propio interruptor deberán estar dimensionados de forma tal que sea posible realizar, por lo menos, el siguiente ciclo: "abrir-cerrar-abrir" partiendo de la posición normal de trabajo (cerrado), sin necesidad de reposición de aire. Será obligatorio instalar un equipo de compresión y almacenamiento de aire, independiente de los depósitos del propio interruptor, cuya capacidad este prevista teniendo en cuenta el número de interruptores y el ciclo de explotación establecido.

2.4. Cualquiera que sea el mecanismo adoptado para la maniobra de los interruptores automáticos, será de disparo libre.

2.5. Todos los interruptores automáticos estarán equipados con un dispositivo de apertura local, actuado manualmente. La apertura será iniciada por un dispositivo que podrá ser eléctrico, mecánico, hidráulico o combinación de los anteriores sistemas.

2.6. Con carácter general, salvo casos especiales justificados por la aplicación, los interruptores automáticos deberán satisfacer con su pleno poder de corte uno de los ciclos de reenganche normalizados en la Norma UNE-EN 62271-100.

Al final del ciclo el interruptor será capaz de soportar permanentemente el paso de su corriente asignada en servicio continuo.

2.7. Cuando los interruptores estén asociados a seccionadores de puesta a tierra deberán estar dotados de un enclavamiento seguro entre el interruptor y el seccionador de puesta a tierra.

2.8. Cuando en centros de transformación se tenga que acceder a partes activas o se tengan que realizar trabajos cerca de partes en tensión, se asegurará la ausencia de tensión y la puesta a tierra de las partes activas tanto del transformador como del cuadro de BT, teniendo en cuenta la posibilidad de la aparición de tensiones de retorno por el lado de BT. A tal efecto se elaborará un procedimiento de operación que garantice la seguridad o se establecerán los enclavamientos necesarios para lograr el mismo nivel de seguridad.

En cualquier caso se podrán realizar trabajos en proximidad de tensión o en tensión cuando se cumplan los requisitos de la reglamentación aplicable.

3. SECCIONADORES Y SECCIONADORES DE PUESTA A TIERRA

3.1 Los seccionadores y seccionadores de puesta a tierra deberán tener las características adecuadas a la índole de su función, a la instalación y a la tensión y corriente de servicio.

3.2. Los seccionadores y seccionadores de puesta a tierra, así como sus accionamientos correspondientes en su caso, tienen que estar dispuestos de manera tal que no puedan producirse maniobras intempestivas por los efectos de la presión o de la tracción ejercida con la mano sobre el varillaje, por la presión del viento, por trepidaciones, por la fuerza de gravedad o bajo esfuerzos electrodinámicos producidos por las corrientes de cortocircuito.

3.3. En el caso de que los seccionadores y seccionadores de puesta a tierra estén equipados con servomecanismos de mando de cualquier tipo, la concepción de estos será tal que no puedan producirse maniobras intempestivas por avería en los elementos de dichos mandos en sus circuitos de alimentación o por falta de la energía utilizada para realizar el accionamiento.

3.4. Cuando los seccionadores estén asociados a seccionadores de puesta a tierra deberán estar dotados de un enclavamiento seguro entre el seccionador y el seccionador de puesta a tierra.

3.5. Los aisladores de los seccionadores estarán dispuestos de tal forma que ninguna corriente de fuga peligrosa circule entre bornes de un lado y cualquiera de los bornes del otro lado del seccionador. Esta prescripción de seguridad se considerará satisfecha cuando esté previsto que toda la corriente de fuga se dirija hacia tierra, por medio de una conexión a tierra segura o cuando el aislamiento utilizado esté protegido eficazmente contra la contaminación en servicio.

3.6. Los seccionadores de puesta a tierra que no tengan un enclavamiento que impida su cierre sobre un circuito en tensión, tendrán un poder de cierre igual o mayor que el valor de cresta de la intensidad de cortocircuito prevista en el punto de instalación, o alternativamente existirá un procedimiento de acuerdo con 4.7 que garantice la seguridad de la operación.

3.7. La corriente asignada mínima de los seccionadores será de 200 amperios.

4. CONDICIONES DE EMPLEO

4.1. Para aislar o separar máquinas, transformadores, líneas y otros circuitos, deberán instalarse seccionadores cuya disposición debe ser tal que pueda ser comprobada a simple vista su posición o, de lo contrario, deberá disponerse un sistema seguro que señale la posición del seccionador de acuerdo con la norma UNE-EN 62271-102.

4.2. Cuando el interruptor presente las características de aislamiento exigidas a los seccionadores y su posición de "abierto" sea visible o señalada por un medio seguro, de acuerdo con lo indicado en la norma UNE-EN 62271-102, este aparato podrá hacer las funciones del seccionador citado en 4.1.

4.3. Podrán suprimirse los seccionadores en el caso de utilizarse aparatos extraíbles, con los dispositivos de seguridad necesarios para evitar falsas maniobras, e impedir el acceso involuntario a los puntos con tensión que quedasen al descubierto al retirar el aparato.

4.4. Los cortacircuitos fusibles que, al actuar, den lugar automáticamente a una separación de contactos visible y equiparable a las características de aislamiento y seguridad exigidas a los seccionadores, serán considerados como tales, a efectos de lo señalado en 4.1.

4.5. Cuando en los circuitos secundarios de los transformadores existiesen dispositivos que permitan quitar previamente la carga, bastará instalar en el lado de alimentación de los primarios un aparato de corte solamente para la corriente de vacío de los transformadores, siempre que exista un enclavamiento o un procedimiento de actuación de acuerdo con el punto 4.7, que impida la maniobra de este último aparato sin que se haya quitado previamente la carga del transformador.

4.6. En el seccionamiento sin carga de líneas aéreas y cables aislados, debe tenerse presente la posible presencia de corrientes capacitivas.

Particularmente, se tendrá en cuenta que estas corrientes, combinadas con las magnetizantes de los transformadores, pueden dar lugar a fenómenos de ferro resonancia magnética en el caso de seccionamiento unipolar.

4.7. Se recomienda el uso de enclavamientos adecuados para evitar, en las maniobras, la apertura o cierre indebidos de un seccionador o el cierre de un seccionador de puesta a tierra sin poder de cierre. Si no existe tal enclavamiento será necesario elaborar un procedimiento de operación que sea conocido por los operadores y que garantice la seguridad.

4.8. En centros de transformación privados, cuando se pueda acceder a un transformador con partes en tensión accesibles a las personas a través de una puerta o rejilla de acceso, existirá un enclavamiento mecánico con el interruptor del primario del transformador, de tal forma que para acceder al transformador el interruptor del primario tenga que estar abierto, y que no se pueda cerrar dicho interruptor mientras que la puerta permanezca abierta o la rejilla desmontada.

En cualquier caso se podrán realizar trabajos en proximidad de tensión o en tensión cuando se cumplan los requisitos de la reglamentación aplicable.

7

Instrucción Técnica Complementaria
ITC-RAT 07 y GUÍA RAT 07[1]

TRANSFORMADORES
Y AUTOTRANSFORMADORES
DE POTENCIA

Edición: diciembre 2021. Revisión: 2

Índice

---

[1] El texto correspondiente a la Guía Técnica de Aplicación GUÍA RAT 07 aparece en recuadros para diferenciarlo del texto de la Instrucción Técnica Complementaria ITC-RAT-07.

1. GENERALIDADES

Aplicación del Reglamento (UE) Nº 548/2014 de la Comisión de 21 de mayo de 2014 por el que se desarrolla la Directiva 2009/125/CE de ecodiseño para transformadores de potencia y del Reglamento (UE) 2019/1783 de la Comisión, de 1 de octubre de 2019, que lo modifica.

El Reglamento europeo aplica a los transformadores de potencia de una potencia mínima de 1 kVA para redes de transmisión y distribución eléctrica de 50 Hz o para aplicaciones industriales, estableciendo unos requisitos mínimos de rendimiento (pérdidas máximas admisibles), más exigentes respecto de los valores habituales hasta la fecha, con objeto de disminuir las emisiones de CO_2 durante toda la vida útil del transformador.

La publicación de este Reglamento europeo deja sin efecto automáticamente los requisitos de cualquier disposición nacional, tales como el RD 337/2014 en la medida en que exista un solape. Igualmente, al estar la Directiva 2009/125/CE dictada de acuerdo con el artículo 95 del Tratado de constitución de la Comunidad Europea ("...aproximación de las disposiciones legales, reglamentarias y administrativas de los Estados miembros que tengan por objeto el establecimiento y el funcionamiento del mercado interior"), no es posible la existencia de regulaciones nacionales con niveles de exigencia superiores a los de la normativa europea, ya que supondrían barreras a la libre circulación de equipos contempladas en el mercado único.

Por tanto, no son aplicables los requisitos de la presente ITC-RAT 07 relativos al rendimiento de los transformadores (pérdidas máximas en carga y en cortocircuito, y sus tolerancias) en aquellos casos en que resulten de aplicación el Reglamento (UE) nº 548/2014 y en el Reglamento (UE) 2019/1783 que lo modifica), debiendo cumplirse lo indicado en los mismos.

En general, tanto los transformadores como los autotransformadores de potencia conectados a una red trifásica, serán del tipo de máquina trifásica, si bien se admitirán los bancos constituidos por tres unidades monofásicas.

Podrán emplearse transformadores monofásicos o agrupaciones de estos cuando sea aconsejable.

Los transformadores de potencia deberán de cumplir con las Normas UNE-EN 60076.

Los transformadores trifásicos en baño de aceite y los de tipo seco para distribución en baja tensión hasta 2500 kVA y tensión primaria más elevada para el material de hasta 36kV, cumplirán con las normas aplicables correspondientes de la ITC-RAT 02.

El fabricante deberá entregar el correspondiente protocolo de ensayos realizado para cada transformador.

En el Informe UNE 207019 IN, Modelo único de protocolo de ensayos individuales para transformadores de distribución MT/BT", se establece un modelo de formato unificado para recoger la información de los ensayos individuales de los transformadores.

NOTA: De cara a la Interpretación sobre la aplicación del Reglamento (UE) N°548/2014 de la Comisión de 21 de mayo de 2014 por el que se desarrolla la Directiva 2009/125/CE de ecodiseño para transformadores de potencia, y del Reglamento (UE) 2019/1783 de la Comisión, de 1 de octubre de 2019, que modifica el Reglamento (UE) N°548/2014; referirse a la Guía de aplicación del Reglamento (UE) de Ecodiseño de Transformadores: preguntas y respuestas frecuentes.

2. GRUPOS DE CONEXIÓN

Los grupos de conexión de los transformadores de potencia se fijaran de acuerdo con la norma UNE-EN 60076, debiéndose elegir el más adecuado para el punto de la red donde se instale el transformador.

El grupo de conexión de los transformadores trifásicos en baño de aceite y los de tipo seco para distribución en baja tensión hasta 2500 kVA y tensión primaria más elevada para el material de hasta 36 kV, estará de acuerdo con las normas sobre transformadores de distribución aplicables de la ITC-RAT 02.

La conexión de los autotransformadores que no cumplan la función de regulador será en estrella, recomendándose la puesta a tierra directa del neutro, y de no ser esto posible o conveniente, la conexión a tierra se realizará a través de un descargador apropiado.

Los transformadores conectados directamente a una red de distribución pública deberán tener un grupo de conexión adecuado, de forma que los desequilibrios de la carga repercutan lo menos posible en la red.

3. REGULACIÓN

Tanto los transformadores como los autotransformadores podrán disponer de un dispositivo que permita, en escalones apropiados, la regulación en carga de la tensión para asegurar la continuidad del servicio.

Se admite también la existencia de una regulación de tensión, estando la máquina sin tensión, a fin de adaptar su relación de transformación a las exigencias de la red.

Las tomas de regulación de tensión deben cumplir con lo indicado en la Norma UNE 21428-1 para transformadores trifásicos de distribución sumergidos en aceite; y con lo indicado en la Norma UNE 21538-1 para transformadores trifásicos de distribución de tipo seco.

4. ANCLAJE

Se tomarán las medidas apropiadas para evitar que los transformadores de potencia puedan moverse en las condiciones normales de explotación o por efecto de los esfuerzos electrodinámicos a los que pueda estar sometido.

Este requisito complementa al resto de las disposiciones referentes a la instalación de los transformadores recogidas en la ITC-RAT 14 y en la ITC-RAT 15.

5. PÉRDIDAS Y NIVELES DE POTENCIA ACÚSTICA MÁXIMOS

Para los transformadores trifásicos en baño de aceite para distribución en baja tensión hasta 2500 kVA, los valores de pérdidas y niveles de potencia acústica deben ser como máximo los indicados en las normas de obligado cumplimiento correspondientes que figuran en la ITC-RAT 02, pero en ningún caso podrán ser superiores a los valores de la tabla 1. Los valores establecidos de impedancia de cortocircuito a 75 °C deben ser los que se indican en la Tabla 1 (página siguiente).

Debido a la aplicación del Reglamento (UE) N° 548/2014 y del Reglamento (UE) 2019/1783, de la tabla 1 de la ITC-RAT 07, solo quedan en vigor las columnas correspondientes a los valores de tensión de cortocircuito y de potencia acústica máxima para cada tipo de transformador, aunque en 2023 está prevista la revisión del Reglamento Europeo de ecodiseño para incorporar otros requisitos relativos a la mejora del impacto medioambiental, tales como el ruido y la eficiencia de los materiales.

Las normas que dan presunción de conformidad para el cumplimiento con el Reglamento (UE) N°548/2014 sin incluir su modificación por el Reglamento (UE) 2019/1783son las siguientes:

- EN 50588-1 "Transformadores de media potencia a 50 Hz, con tensión más elevada para el material no superior a 36 kV. Parte 1: Requisitos generales".

- EN 50629. "Rendimiento energético de transformadores de gran potencia (Um > 36 kV o $Sr \geq$ 40 MVA)".

Las normas que dan presunción de conformidad para el cumplimiento con el Reglamento (UE) Nº548/2014, incluida su modificación por el Reglamento (UE) 2019/1783 son las siguientes:

- EN 50708-1-1 "Transformadores de potencia. Requisitos europeos adicionales. Parte 1-1: Parte común. Requisitos generales".

- EN 50708-2-1 "Transformadores de potencia. Requisitos europeos adicionales. Parte 2-1: Transformador de media potencia. Requisitos generales".

- EN 50708-3-1 "Transformadores de potencia. Requisitos europeos adicionales. Parte 3-1: Transformador de gran potencia. Requisitos generales"

Nota: estas normas incluyen también valores de potencia acústica admisibles y valores de la impedancia de cortocircuito que no coinciden con la tabla 1 de la ITC-RAT 07 y que tampoco son requisitos del Reglamento Europeo de ecodiseño.

Mientras que la ITC-RAT 07 sólo dictaba valores de pérdidas máximas para transformadores trifásicos en baño de aceite hasta 2500 kVA, el Reglamento de ecodiseño prescribe requisitos medioambientales tanto para transformadores sumergidos en liquido aislante, como para los de aislamiento seco, bien fijando pérdidas máximas para transformadores de potencia medianos (potencia asignada $\leq$ 3150 kVA y $Um \leq$ 36 kV), o bien definiendo valores mínimos del índice de eficiencia máxima (PEI) calculado para transformadores de potencias grandes (Um > 36 kV o potencia asignada > 3150 kVA).

Tabla 1. Pérdidas debidas a la carga P_k (W) a 75 ºC, pérdidas en vacío P_0 (W), nivel de potencia acústica L_w(A) e impedancia de cortocircuito a 75ºC, para transformadores de distribución de $U_m \leq$ 36 kV.

Potencia asignada kVA	$U_m \leq$ 24 kV				$U_m =$ 36 kV			
	P_k (W) a 75 ºC	P_0 (W)	L_w(A) dB(A)	Z_{cc} (%), a 75ºC	P_k (W) a 75 ºC	P_0 (W)	L_w (A) dB(A)	Z_{cc} (%), a 75ºC
50	875	110	42	4	1050	160	50	4,5
100	1475	180	44	4	1650	270	54	4,5
160	2000	260	47	4	2150	390	57	4,5
250	2750	360	50	4	3000	550	60	4,5
315	3250	440	52	4	—	—	—	—
400	3850	520	53	4	4150	790	63	4,5

Potencia asignada kVA	$U_m \leq 24$ kV				$U_m = 36$ kV			
	P_k (W) a 75 °C	P_0 (W)	$Lw(A)$ dB(A)	Z_{cc} (%), a 75°C	P_k (W) a 75 °C	P_0 (W)	Lw (A) dB(A)	Z_{cc} (%), a 75°C
500	4600	610	54	4	—	—	—	—
630	5400	730	55	4	5500	1100	65	4,5
800	7000	800	56	6	7000	1300	66	6
1000	9000	940	58	6	8900	1450	67	6
1250	11000	1150	59	6	11500	1750	68	6
1600	14000	1450	61	6	14500	2200	69	6
2000	18000	1800	63	6	18000	2700	71	6
2500	22000	2150	66	6	22500	3200	73	6

Nota 1: para potencias diferentes de las indicadas en la tabla, los valores de las pérdidas y de la potencia acústica deben determinarse por interpolación.

Nota 2: los valores de la tabla están sujetos a las tolerancias especificadas en la norma de la serie UNE-EN 60076, excepto los niveles de potencia acústica que corresponden a máximos admisibles.

Debido a la aplicación del Reglamento (UE) N° 548/2014, de la tabla 1 de la ITC-RAT 07, solo quedan en vigor las columnas correspondientes a los valores de tensión de cortocircuito y de potencia acústica máxima. La referencia de la Nota 2 a las tolerancias de las pérdidas queda igualmente sin efecto al indicar el Reglamento (UE) N° 548/2014 que los valores recogidos en las tablas del propio Reglamento son valores máximos; y que las tolerancias aplicables dentro del procedimiento de verificación a realizar por los Estados miembros no pueden ser utilizadas por el fabricante como tolerancias permitidas para los valores presentados en la documentación técnica.

6. CABLEADO AUXILIAR

Todo el cableado auxiliar instalado exteriormente al transformador o autotransformador y que forme conjunto con él, deberá ser resistente a la degradación por líquidos aislantes, a las condiciones climáticas (según UNE 211605) y no propagarán la llama (según UNE-EN 60332-1-2).

8

Instrucción Técnica Complementaria
ITC-RAT 08

TRANSFORMADORES
DE MEDIDA Y PROTECCIÓN

Índice

1. CARACTERÍSTICAS GENERALES

El ámbito de aplicación de esta instrucción técnica complementaria se refiere a los transformadores de alta tensión para medida o protección, bien sean de intensidad o de tensión. Estos transformadores cumplirán con lo prescrito en las normas de la serie UNE-EN 60044 y tendrán la potencia y grado de precisión correspondientes a las características de los aparatos que van a alimentar.

En los transformadores de tensión e intensidad destinados a la medida de energía suministrada o recibida por una instalación y que ha de ser objeto de posterior facturación se tendrá muy especialmente en cuenta lo que a este respecto determina el vigente Reglamento unificado de los puntos de medida del sistema eléctrico, aprobado por Real Decreto 1110/2007, de 24 de agosto.

El proyectista deberá seleccionar los transformadores de intensidad destinados a alimentar relés de protección, de forma que se garantice el funcionamiento del transformador para faltas dentro o fuera de la zona de protección. Se comprobará que la saturación que se produce cuando están sometidos a elevadas corrientes de cortocircuito, no hace variar su relación de transformación y ángulo de fase en forma tal que impida el funcionamiento correcto de los relés de protección alimentados por ellos. En los casos en que no se cumpla este requisito el proyectista justificará que el error de medida del transformador no compromete la seguridad de la instalación.

Los transformadores de intensidad deberán elegirse de forma que puedan soportar los efectos térmicos y dinámicos de las máximas intensidades que puedan producirse como consecuencia de sobrecargas y cortocircuitos en las instalaciones que están colocados. En aquellos casos excepcionales en los que la corriente de cortocircuito del transformador de intensidad, elegido de acuerdo con el Reglamento unificado de puntos de medida del sistema eléctrico, aprobado por Real Decreto 1110/2007, de 24 de agosto, dentro de las series normales de fabricación, no alcance el valor límite de la intensidad de cortocircuito prevista para la instalación, el proyectista deberá justificar dicha circunstancia e incluir en el proyecto las medidas de protección necesarias para evitar daños a las personas o al resto de la instalación.

Asimismo, se tendrán en cuenta las sobretensiones que tengan que soportar, tanto por maniobra como por la puesta a tierra accidental de una fase, en especial en los sistemas de neutro aislado o por otras de origen atmosférico.

En los transformadores de tensión, el fabricante deberá informar de las características de su producto en la información técnica facilitada al proyectista, y de la duración del cortocircuito soportada en bornes secundarios del transformador. Por su parte, el proyectista deberá comprobar que los tiempos de actuación de las protecciones del lado de baja son compatibles con la duración del cortocircuito que puede soportar el transformador de acuerdo con la información facilitada por el fabricante. En aquellos casos en los que los transformadores de tensión no dispongan de protección en el lado de baja tensión el proyectista deberá justificar dicha circunstancia e incluir en el proyecto las medidas de protección necesarias para evitar daños a las personas o al resto de la instalación.

Se adoptarán medidas de protección para evitar daños a las personas o la instalación en caso de una eventual explosión de los transformadores. La ubicación de los transformadores de tensión o intensidad en el interior de cabinas prefabricadas se considera como una medida de protección aceptable.

2. INSTALACIÓN

Deberán ponerse a tierra todas las partes metálicas de los transformadores de medida y protección que no se encuentren sometidas a tensión, según lo establecido en la ITC-RAT 13.

Deberá conectarse a tierra un punto del circuito o circuitos secundarios de los transformadores de medida y protección, o separarse de los circuitos primarios mediante pantallas metálicas puestas a tierra. Esta puesta a tierra deberá hacerse directamente en las bornas secundarias, o lo más cerca posible de los terminales secundarios de los transformadores de medida y protección, excepto en aquellos casos en que la instalación aconseje otro montaje. Si la puesta a tierra es necesaria en otros puntos, debe ser imposible desconectarla involuntariamente.

El punto del circuito secundario puesto a tierra debe determinarse de forma que se eviten las interferencias eléctricas.

Para conductores de cobre la sección mínima de la puesta a tierra de los circuitos secundarios será de 2,5 mm^2 si el conductor de tierra está mecánicamente protegido y de 4 mm^2 si no lo está. Si el conductor es de un material distinto al cobre, la sección será la que garantice una resistencia eléctrica equivalente.

En los circuitos secundarios de los transformadores de medida se instalarán dispositivos que permitan la separación, para su verificación o sustitución, de aparatos por ellos alimentados o la inserción de otros, sin necesidad de desconectar la instalación y, en el caso de los transformadores de intensidad, sin interrumpir la continuidad del circuito secundario.

La instalación de estos dispositivos será obligatoria en el caso de aparatos de medida de energía que sirvan para la facturación de la misma.

La instalación de los transformadores de medida y protección se hará de forma que sean fácilmente accesibles para su posible verificación o sustitución.

Cuando los aparatos de medida no se instalen cerca de los transformadores de medida, se determinará el dimensionado de los conductores que constituyen los circuitos secundarios para evitar la introducción de errores en la medida, de forma que no se sobrepase la carga de precisión de los transformadores y que en los cables de conexión a los transformadores de tensión no se produzca una caída de tensión superior al 1 por 1000 en el cableado desde el transformador al contador.

En el caso de transformadores de tensión, la relación de transformación será un número entero tal que la tensión asignada del primario, elegida dentro de las series de tensiones asignadas normalizadas, esté comprendida entre el 100 % y el 120 % de la tensión nominal del circuito de potencia primario.

En los transformadores de tensión, deberán tenerse muy en cuenta tanto sus características y las de la instalación, como los valores de la tensión de servicio, para evitar en lo posible la aparición de los fenómenos de ferrorresonancia.

Para transformadores de intensidad de medida, su intensidad asignada se elegirá de forma que la intensidad de carga prevista en el circuito donde se instalen esté comprendida entre el 10 por ciento y el 100 por cien de la intensidad asignada si se trata de transformadores de clase S, o entre el 50 por ciento y el 100 por ciento, para el resto de clases de transformadores de medida de intensidad.

La carga en el circuito secundario dedicado a medida de los transformadores de intensidad estará entre el 25% y 100% de su potencia de precisión. La relación de transformación de los transformadores de intensidad será tal que para la potencia de diseño prevista en la instalación eléctrica, la intensidad secundaria se encuentre dentro del rango del 45 % (o del 20% para transformadores de clase 0,2S o 0,5S) de la intensidad asignada y el 100% de la intensidad térmica permanente asignada del transformador.

Se prohíbe la instalación de aparatos de medida, bloques de prueba, etcétera, sobre los frentes de las celdas de medida en aquellos casos en los que la proximidad de elementos de alta tensión presenta riesgos de accidentes para el personal encargado de las operaciones de verificación, cambio de horario y lectura. Esto no se aplicará a los conjuntos de aparamenta previstos en las ITC-RAT 16 y 17.

9

Instrucción Técnica Complementaria
ITC-RAT 09

PROTECCIONES

Índice

1. PROTECCIÓN CONTRA SOBREINTENSIDADES

Todas las instalaciones a las que se refiere este Reglamento deberán estar debidamente protegidas contra los efectos peligrosos, térmicos y dinámicos, que puedan originar las corrientes de cortocircuito y las de sobrecarga cuando estas puedan producir averías y daños en las citadas instalaciones.

Para las protecciones contra las sobreintensidades se utilizarán interruptores automáticos o cortacircuitos fusibles, con las características de funcionamiento que correspondan a las exigencias de la instalación que protegen.

Las sobreintensidades deberán eliminarse por un dispositivo de protección utilizado sin que produzca proyecciones peligrosas de materiales ni explosiones que puedan ocasionar daños a personas o cosas.

Entre los diferentes dispositivos de protección contra las sobreintensidades pertenecientes a la misma instalación, o en relación con otras exteriores a esta, se establecerá una adecuada coordinación de actuación para que la parte desconectada en caso de cortocircuito o sobrecarga sea la menor posible.

2. PROTECCIÓN CONTRA SOBRETENSIONES

Las instalaciones eléctricas deberán protegerse contra las sobretensiones peligrosas tanto de origen interno como de origen atmosférico, de carácter transitorio, cuando la importancia de la instalación, el valor de las sobretensiones y su frecuencia de ocurrencia, así lo aconsejen.

Para la protección contra sobretensiones transitorias se utilizarán pararrayos, según la UNE-EN 60099-1 y UNE-EN 60099-4. Los bornes de tierra de los pararrayos y, en su caso, los cables de guarda, se unirán a la toma de tierra de acuerdo con lo establecido en la ITC-RAT 13.

En general, en redes o instalaciones de tercera categoría no conectadas a líneas aéreas no serán precisas estas protecciones cuando su nivel de aislamiento sea el de la lista 2 según la ITC-RAT 12.

3. PROTECCIÓN CONTRA SOBRECALENTAMIENTO

En caso necesario las instalaciones deberán estar debidamente protegidas contra los sobrecalentamientos, de acuerdo con lo que se indica en el Apartado 4.

4. PROTECCIONES ESPECÍFICAS DE MÁQUINAS E INSTALACIONES

4.1 Generadores rotativos

Los generadores rotativos y sus motores de arrastre estarán dotados de dispositivos que los protejan tanto contra los defectos mecánicos como contra los defectos eléctricos.

Se deberán instalar las necesarias protecciones y alarmas contra defectos de lubricación y refrigeración.

Asimismo, será necesario disponer en los grupos turbina-generador de un dispositivo que detecte la sobrevelocidad o embalamiento y produzca la parada segura del grupo.

En las protecciones contra defectos eléctricos será necesario, para generadores de cualquier potencia, instalar protección de sobreintensidad contra cortocircuitos o sobrecarga, protección contra sobretensiones de origen atmosférico o internas y protección de falta a tierra en el estator.

Para generadores de potencia superior a 5 MVA dispondrán entre otras, de protección diferencial, protección de máxima y mínima frecuencia, inversión de potencia, falta a tierra en el rotor, defecto de excitación, protección de sobretensión, falta a tierra en el estator y fallo de tensión de alimentación del regulador, aunque siempre estarán dotados de dispositivos de control de la temperatura de los bobinados y del circuito magnético, tales que puedan provocar en el caso necesario la desconexión de la máquina de la red.

En instalaciones de producción de energía eléctrica que dispongan de generadores de potencia superior a los 5 MVA se instalará un sistema de protección contra incendios accionado por el relé de protección diferencial o por termostatos adecuadamente situados.

En el proyecto y montaje se estudiarán los problemas de vibraciones, siendo recomendable el uso de detectores de vibraciones.

Los generadores asíncronos conectados a redes públicas, equipados con baterías de condensadores, estarán protegidos contra las sobretensiones de autoexcitación en caso de falta de tensión en la red pública.

Los generadores del sistema eléctrico se protegerán siguiendo los criterios generales de protección que les resulten de aplicación de acuerdo a la normativa sectorial.

4.2 Transformadores y autotransformadores de potencia

4.2.1 Transformadores AT/BT

Los transformadores AT/BT deberán protegerse contra sobreintensidades de acuerdo con los criterios siguientes:

a) Los transformadores que dispongan de un sistema de monitorización de la evolución de las cargas en tiempo real, no necesitarán protección contra estas sobreintensidades. En los demás casos, se protegerán contra sobrecargas por medio de interruptores accionados por relés de sobreintensidad, o dispositivos térmicos que detecten la temperatura del devanado o del medio refrigerante.

b) Todos los transformadores AT/BT estarán protegidos contra los cortocircuitos de origen externo en el lado de salida. Contra los cortocircuitos internos habrá siempre una protección adecuada en el circuito de alimentación. La protección contra cortocircuitos de transformadores de potencia superior a 1000 kVA se realizará siempre con interruptor automático.

c) Cuando los transformadores sean maniobrados frecuentemente en vacío (más de tres veces al mes), por ejemplo en instalaciones fotovoltaicas que se desconectan periódicamente, se instalarán protecciones contra las sobretensiones de maniobra que se puedan producir por la interrupción de la corriente magnetizante del propio transformador, salvo que dispongan de un sistema de monitorización o de control de las sobretensiones de maniobra que garantice la integridad del aislamiento.

4.2.2 Transformadores y autotransformadores de potencia de relación de transformación de AT/AT

Estos transformadores estarán equipados con protección contra sobreintensidades de cualquier tipo, situadas en el lado que más convenga.

Para cualquier potencia, los transformadores y autotransformadores, estarán provistos de dispositivos térmicos que detecten la temperatura de los devanados o del medio refrigerante y de dispositivos liberadores de presión que evacúen los gases del interior de la cuba en caso de arco interno. Para potencia superior a 2,5 MVA en el transformador o igual o superior a 4 MVA en el autotransformador, estarán dotados de un relé que detecte el desprendimiento de gases en el líquido refrigerante.

Para potencias superiores a 10 MVA los transformadores deberán estar provistos de relé de protección diferencial o de cuba que provoque la apertura de los interruptores de todos los devanados simultáneamente. El relé dispondrá de un rearme manual que impida el cierre de los interruptores después de la actuación de este, a fin de comprobar la gravedad de la avería antes de rearmar el relé.

4.2.3 Elementos de protección

Los transformadores se protegerán contra sobreintensidades de alguna de las maneras siguientes:

a) De forma individual con los elementos de protección situados junto al transformador que protegen, o dentro del mismo.

b) De forma individual con los elementos de protección situados en la salida de la línea en la subestación que alimenta al transformador en un punto adecuado de la derivación, siempre que esta línea o derivación alimente un solo transformador.

A los efectos de los párrafos anteriores a) y b) se considera que la conexión en paralelo de varios transformadores trifásicos o la conexión de tres monofásicos para un banco trifásico, constituye un solo transformador.

c) De forma agrupada cuando se trate de centros de transformación de distribución pública colocándose los elementos de protección en la salida de la línea en la subestación de alimentación o en un punto adecuado de la red.

En este caso c), se garantizará la protección de cualquiera de los transformadores para un cortocircuito trifásico en sus bornes de baja tensión, el número de transformadores en cada grupo no será superior a ocho, la suma de las potencias nominales de todos los transformadores del grupo no será superior a 800 kVA y la distancia máxima entre cualquiera de los transformadores y el punto donde esté situado el elemento de protección será de 4 km como máximo. En el caso de que se prevean sobrecargas deberá protegerse cada transformador individualmente en BT. La potencia máxima unitaria será de 250 kVA.

4.3. Salidas de líneas

Las salidas de línea deberán estar protegidas contra cortocircuitos y, cuando proceda, contra sobrecargas. En redes de 1.ª y 2.ª categoría se efectuará esta protección por medio de interruptores automáticos.

Las líneas aéreas de transporte o de distribución pública en las que se prevea la posibilidad de numerosos defectos transitorios, se protegerán con sistemas que eliminen rápidamente el defecto transitorio, equipados con dispositivos de reenganche automático, que podrá omitirse o bloquearse cuando esté justificado técnicamente.

Para redes de distribución pública de 3.ª categoría, las empresas eléctricas establecerán una normalización de las potencias máximas de cortocircuito en las barras de salida, para las diversas tensiones.

4.3.1. Protección de líneas en redes con neutro a tierra

En estas redes deberá disponerse de elementos de protección contra cortocircuitos que puedan producirse en cualquiera de las fases. El funcionamiento del sistema de protección no debe aislar el neutro de tierra.

4.3.2. Protección de líneas en redes con neutro aislado de tierra

En estas redes cuando se utilicen interruptores automáticos para la protección contra cortocircuito, será suficiente disponer solamente de relés sobre dos de las fases.

En el caso de líneas aéreas habrá siempre un sistema detector de tensión homopolar en la subestación donde este la cabeza de línea. Además, en el caso de subestaciones donde no haya vigilancia directa o por telecontrol, se instalarán dispositivos automáticos, sensibles a los efectos eléctricos producidos por las corrientes de defecto a tierra, que provoquen la apertura de los aparatos de corte.

4.4. Baterías de condensadores

Las baterías de condensadores estarán diseñadas para evitar que la avería de un elemento de lugar a su propagación a otros elementos de la batería. Además se dispondrá de un relé de desequilibrio que provocará la desconexión de la batería a través del interruptor principal. En baterías con varios escalones se analizará el desequilibrio en cada uno de los escalones de forma independiente.

Todas las baterías de condensadores estarán dotadas de dispositivos para detectar las sobreintensidades, las sobretensiones y los defectos a tierra, cuyos relés a su vez provocarán la desconexión del interruptor principal antes citado.

Cada elemento condensador tendrá un sistema de descarga que reduzca la tensión entre bornes a un valor inferior o igual a 75 V desde su desconexión al cabo de 10 minutos para baterías de condensadores de tensión asignada superior a 1kV y al cabo de 3 minutos para baterías de condensadores de tensión asignada inferior o igual a 1 kV.

4.5. Reactancias y resistencias

Las reactancias conectadas a los neutros de transformadores o generadores cuya misión sea crear un neutro artificial, no se dotarán de dispositivos de protección específicos que provoquen su desconexión individual de la red.

Las reactancias destinadas a controlar la energía reactiva de la red, dado que pueden ser por su técnica constructiva equiparables a los transformadores, se protegerán con dispositivos similares a los indicados para los transformadores en el Apartado 4.2.

4.6. Motores de alta tensión

De forma general, los motores estarán protegidos contra los defectos siguientes:

1. Motores y compensadores síncronos y asíncronos:
   a) Cortocircuito en el cable de alimentación y entre espiras.
   b) Sobrecargas excesivas (mediante detección de la sobreintensidad, o por sonda de temperatura, o por imagen térmica).
   c) Rotor bloqueado en funcionamiento.
   d) Arranque excesivamente largo.
   e) Mínima tensión y sobretensión.
   f) Desequilibrio o inversión de las fases.
   g) Defecto a masa del estátor.
   h) Descebado de bombas (en el caso de accionamiento de este tipo de cargas).

2. Para los motores y los compensadores síncronos se protegerán contra:
   a) Pérdida de sincronismo.
   b) Pérdida de excitación.

c) Defecto a masa del rotor.

d) Marcha como asíncrono excesivamente larga.

e) Sobretensión y subfrecuencia.

f) Subpotencia y potencia inversa.

La decisión acerca de las protecciones a prever en cada caso dependerá de los riesgos potenciales de los defectos mencionados, del tamaño del motor y de la importancia de la función que presta dicho motor.

4.7. Generadores conectados en redes de distribución

Este apartado se aplicará a las instalaciones de producción de energía eléctrica que en virtud de su potencia nominal o de la tensión de la línea a la que se conecten no tengan una reglamentación específica en materia de seguridad y protección.

4.7.1. Criterios generales

Tanto en la explotación normal como en condiciones anormales tales como las de cortocircuito, los generadores de cualquier tipo, conectados a redes de distribución de alta tensión, no perturbarán el correcto funcionamiento de las redes a las que estén conectadas. Con tal fin, cada generador o agrupación de generadores estará equipado de un sistema de protecciones y de un interruptor automático en el punto de conexión con la red de distribución, que garanticen su desconexión en caso de una falta en la red o de faltas internas en la instalación.

Con objeto de mejorar la fiabilidad del sistema de protecciones, los contactos de salida de los relés de protección se conectarán directamente en el circuito de disparo del interruptor automático. Cuando dispare el interruptor automático de la central, su reconexión se efectuará tras el restablecimiento de la tensión y frecuencia de la red de distribución, con un periodo de retardo especificado según las características de la red de distribución a la que se conecte.

El sistema de protecciones y control se adaptará a la red de distribución a la que se conecte y estará dotado de los medios necesarios para admitir un reenganche de la red de distribución, hasta un tiempo de reenganche máximo de 1 segundo. No se admitirá el funcionamiento en isla del generador para una duración superior al tiempo máximo de reenganche anterior.

En el caso excepcional en el que se evidencie que la instalación supone un riesgo inminente para las personas, o cause daños o impida el funcionamiento de equipos de terceros, la empresa distribuidora, o transportista en su caso, podrá desconectar inmediatamente la instalación, debiendo comunicar y justificar detalladamente dicha actuación excepcional al órgano de la Administración competente en materia de energía y al interesado, en un plazo máximo de veinticuatro horas.

4.7.2. Protecciones

La instalación dispondrá, en su punto de conexión a la red de distribución, de relés para detectar el funcionamiento en isla y detectar y distinguir faltas en la red de alimentación y faltas internas. Las protecciones a instalar serán, al menos:

a) Mínima tensión, con medida de la tensión entre fases o fase tierra, según los criterios de protección de la red a la que se conecte la instalación.

b) Máxima tensión, con medida de la tensión entre fases o fase tierra, según los criterios de protección de la red a la que se conecte la instalación.

c) Máxima tensión homopolar.

d) Máxima y mínima frecuencia.

e) Sobreintensidad de fase y neutro, tanto temporizada como instantánea.

f) Dependiendo de los criterios de protección y explotación de la red a la que se conecta la instalación, además de las protecciones anteriores se podrá requerir la instalación de una protección adicional que actúe en caso de desconexión de la red, con el fin de evitar el funcionamiento en isla y prevenir daños en caso de reenganche fuera de sincronismo. En función de la tecnología del generador, dicha función de protección podrá ser realizada mediante sistemas basados en comunicaciones, como el teledisparo, relés en el punto de conexión o sistemas de protección anti-isla integrados en los inversores de conexión a red, acordes con los criterios de protección de la red.

En caso de un sistema de protección anti-isla integrado en un inversor, este debe funcionar correctamente en paralelo con otras centrales eléctricas, con la misma o distinta tecnología, y alimentando las cargas habituales, tales como motores.

Las protecciones de máxima y mínima tensión, así como las de máxima y mínima frecuencia deben medir las magnitudes de operación de las protecciones en el lado del transformador de potencia conectado a la red de distribución.

En caso de que el funcionamiento del generador provoque una tensión en su conexión a la red, superior a los límites reglamentarios, el generador deberá desconectarse. Dicha desconexión podrá realizarse mediante un relé adicional de máxima tensión, ajustado con tiempos mayores que la protección de máxima tensión por faltas o que la protección anti-isla.

4.7.3. Teledesconexión

Todos los generadores estarán dotados de un sistema de teledesconexión compatibles con la red de distribución a la que se conectan.

La función del sistema de teledesconexión es actuar sobre el elemento de conexión del generador con la red de distribución para permitir su desconexión remota.

4.7.4. Reposición automática

Solo se permitirá el cierre del interruptor del generador mediante un sistema de reposición automática si se cumplen las siguientes condiciones:

a) La apertura previa del interruptor automático no se ha debido a una falta interna del generador.

b) La tensión de red se encuentra dentro de los límites de funcionamiento normal, durante un periodo especificado acorde con las características de la red de distribución a la que se conecte.

c) No existe una orden enviada por los sistemas de protección y control de la red de distribución para el bloqueo en posición abierta del interruptor automático del generador.

4.7.5. Generadores conectados a través de convertidores electrónicos

Los generadores conectados a la red de alta tensión que utilicen convertidores electrónicos deberán cumplir todos los requisitos establecidos en este Apartado 4.7.

Asimismo, una vez instalados deberán cumplir los límites de emisión de perturbaciones indicados en las normas nacionales e internacionales de compatibilidad electromagnética. El funcionamiento del convertidor no producirá sobretensiones mayores de las indicadas en la Tabla 1 siguiente, incluso durante el transitorio de paso a un funcionamiento en isla en situaciones de baja carga.

Tabla 1. Sobretensiones máximas admisibles entre fases en función de la duración de la sobretensión

Duración, t, de la sobretensión	Valor admisible de la sobretensión (% U_n)
$0 < t < 1$ ms	200
1 ms $\leq t < 3$ ms	140
3 ms $\leq t < 500$ ms	120
$t \geq 500$ ms	110

4.8. Parques eólicos

En caso de parques eólicos, y teniendo presente la posible influencia de las descargas atmosféricas a que están sometidas estas instalaciones, deberán tenerse en cuenta los riesgos derivados por este motivo, y disponerse los sistemas de protección contra sobretensiones tipo rayo.

10

Instrucción Técnica Complementaria
ITC-RAT 10

CUADROS Y
PUPITRES DE CONTROL

Índice

1. ÁMBITO DE APLICACIÓN

Esta Instrucción se aplicará a los cuadros utilizados para el control de subestaciones, centrales generadoras, centros de transformación y demás instalaciones de alta tensión.

Quedan incluidos en esta Instrucción los cuadros y pupitres de control, telegestión o automatización de red, compuestos de paneles y equipados con aparatos de medida, monitores, aparatos indicadores, lámparas, alarmas, y aparatos de mando. Estos cuadros o pupitres podrán ir equipados con esquemas sinópticos.

Esta instrucción no aplica a los cuadros de baja tensión para distribución.

2. SEÑALIZACIÓN

Para permitir que un profesional competente pueda identificar la función de todos los aparatos situados en los cuadros y pupitres, se dispondrán en su frente las siguientes indicaciones:

a) Conjunto de aparatos situados en un panel o bastidor de uso exclusivo de una máquina, línea, transformador o servicio, se identificará con un letrero indicador general, situado sobre el panel o bastidor.

b) Cada aparato dispondrá de su letrero indicador.

La función de los cuadros de control se puede sustituir por ordenadores, asociados a pantallas de visualización, y conectados a cuadros eléctricos que permitan efectuar las operaciones de telemando, telemedida y telegestión. En tales casos estos cuadros eléctricos no requerirán de las señalizaciones anteriores.

Adicionalmente, todos los aparatos montados en el interior del cuadro o pupitre estarán debidamente identificados mediante letreros indicadores visibles, situados junto a los aparatos o elementos desmontables existentes, de forma que si se desmontan, pueda identificarse de nuevo su posición.

Las regletas y sus bornas y los hilos o cables terminales estarán debidamente marcados de forma que si se desconectan puedan ser identificados para volver a colocarlos.

3. CONEXIONADO

Las conexiones internas en los armarios de control se harán con cables aislados, preferentemente de conductor flexible según norma UNE-EN 60228, o circuitos impresos.

Los cables flexibles llevarán en sus extremos terminales metálicos del tipo conveniente para su conexión al aparato correspondiente.

El cableado de los cuadros o pupitres convencionales deberá, en cuanto a su resistencia de aislamiento cumplir con lo prescrito en la ITC-BT-19 del Reglamento electrotécnico para baja tensión después de un ensayo de rigidez dieléctrica a 2 kV. La sección de los cables será la adecuada para poder soportar las intensidades previstas.

Los cables serán no propagadores del incendio y con emisión de humos y opacidad reducida, según UNE 211002 para cables con aislamiento termoplástico y según UNE 21027-9 1C para cables con aislamiento reticulado.

4. BORNES

Los bornes utilizados en los cuadros y pupitres estarán dimensionados para soportar los esfuerzos térmicos y mecánicos previsibles, y serán de tamaño adecuado a la sección de los conductores que hayan de recibir.

Los bornes de circuitos de intensidad en los que se prevea la necesidad de hacer comprobaciones serán de un tipo tal que permita derivar el circuito de comprobación antes de abrir el circuito para evitar que quede abierto el secundario de los transformadores de intensidad.

El material aislante de los bornes cumplirá con lo estipulado en la norma UNE-EN 60947-7-1 en lo que sea de aplicación.

5. COMPONENTES CONSTRUCTIVOS

La estructura y los paneles de los cuadros y pupitres tendrán una rigidez mecánica suficiente para el montaje de los aparatos que en ella se coloquen, y serán capaces de soportar sin deformaciones su accionamiento y las vibraciones que se pudieran transmitir de las maquinas próximas.

Se adoptarán las medidas adecuadas para evitar los daños que puedan producirse por la presencia de humedades, condensaciones, insectos y otros animales que puedan provocar averías.

Todos los componentes constructivos tendrán un acabado que los proteja contra la corrosión. El frente de los cuadros y pupitres tendrá un acabado que no produzca brillos.

6. MONTAJE

Cuando se precisa acceso a la parte posterior, los pasillos correspondientes serán de 0,8 metros de ancho como mínimo.

Cuando se prevea la transmisión de vibraciones, se colocaran dispositivos amortiguadores adecuados.

11

Instrucción Técnica Complementaria
ITC-RAT 11

INSTALACIONES
DE ACUMULADORES

Índice

1. GENERALIDADES

Los sistemas de protección, control y telecomunicaciones de las instalaciones eléctricas de alta tensión se alimentarán mediante corriente continua procedente de baterías de acumuladores asociados con sus rectificadores-cargadores alimentados por corriente alterna. Se exceptúan de esta obligación las instalaciones de centros de transformación de 3.ª categoría y aquellos casos en los que se justifique debidamente no ser necesario su empleo.

En condiciones normales de explotación, el equipo de carga de la batería será capaz de suministrar los consumos permanentes y además de mantener la batería en condiciones óptimas.

En caso de falta de corriente alterna de alimentación al equipo de carga o fallo por avería del mismo, deberá ser la propia batería de acumuladores la encargada de efectuar el suministro de corriente continua a los sistemas de protección, control y telecomunicaciones de la instalación.

El proyectista deberá fijar el tiempo de autonomía en estas condiciones, teniendo en cuenta las particularidades que concurran en sus sistemas de protección, control y telecomunicaciones, así como la tensión mínima que deberá mantenerse al final de la descarga de la batería, para que considerando las caídas de tensión en los cables de alimentación, la tensión en los receptores esté dentro de las tolerancias de diseño de los mismos.

2. TENSIONES NOMINALES

En el diseño de los sistemas de protección y control, se tendrá en cuenta la normalización de las tensiones nominales de corriente continua que se establece a continuación:

12 - 24 - 48 - 110 - 125 - 220 voltios.

Las citadas tensiones nominales serán utilizadas como referencia por el usuario y permitirán definir el número de elementos de acumulador que contendrá la batería, así como las tensiones de flotación y carga rápida que deberá suministrar el equipo cargador.

3. ELECCIÓN DE LAS BATERÍAS DE ACUMULADORES

3.1. Tipos de baterías de acumuladores

Los tipos de baterías de acumuladores que se utilizarán normalmente serán los siguientes:

a) Baterías ácidas de vaso cerrado, selladas o no selladas.

b) Baterías alcalinas.

No se permite la utilización de baterías ácidas de vaso abierto, por la cantidad de gases inflamables y corrosivos que pueden emitir.

3.2. Datos básicos para su elección

En la elección del tipo de baterías, se tendrán en cuenta factores tales como su ubicación, temperatura del local, plan de mantenimiento previsto, así como otros factores que afectan a su diseño y que se derivan de las características de la curva de descarga.

Del análisis de los factores anteriores, se determinará, primero el tipo de baterías a instalar (baterías ácidas o alcalinas) y después las características de la batería, tales como el tipo de descarga, tecnología de fabricación, capacidad, número de elementos, etc.

Las baterías a utilizar en centros de transformación de tercera categoría serán de tipo sellado y libre de mantenimiento.

4. INSTALACIÓN

En las instalaciones de baterías de acumuladores, han de tenerse en cuenta dos aspectos fundamentales:

a) Requisitos mínimos que han de reunir los locales destinados a su emplazamiento.

b) Las condiciones específicas de instalación de las baterías.

4.1. Locales

4.1.1. Las baterías de acumuladores eléctricos que puedan desprender gases corrosivos o inflamables en cantidades peligrosas se emplazarán de acuerdo con lo exigido al respecto en el Reglamento electrotécnico para baja tensión para locales de características especiales destinados a albergar baterías de acumuladores (ITC-BT-30). También será de aplicación la ITC-BT 29 del Reglamento electrotécnico para baja tensión, aunque el proyectista podrá justificar la desclasificación del local, en función de los gases emitidos y de las condiciones de ventilación.

4.1.2. Se permite la ubicación de las baterías en locales destinados a otros fines (salas de relés, control o similares) siempre que estén debidamente ventilados. La ventilación del local podrá ser natural o forzada. Si es forzada se dispondrán dispositivos de parada automática en caso de incendio.

Se recomienda instalar las baterías en el interior de armarios metálicos que pueden llevar o no incorporados los equipos de carga, así como los interruptores de protección de los circuitos de salida de corriente continua.

4.2. Condiciones de la instalación

La instalación de los acumuladores debe ser tal, que permita el eventual relleno de electrólito, la limpieza y la sustitución de elementos sin riesgo de contactos accidentales peligrosos para el personal de trabajo.

En un lugar visible del local en que esté instalada la batería de acumuladores o en el exterior de los armarios metálicos, cuando la instalación sea de este tipo, se dispondrá un cartel donde estén debidamente especificadas las características principales de la batería y las medidas de seguridad a observar en caso de recarga, mantenimiento o contacto accidental con el electrolito.

Las baterías de acumuladores alcalinas o ácidas en vasos cerrados, que estén instaladas en armarios metálicos, podrán ubicarse a la intemperie siempre que dichos armarios metálicos sean apropiados para este tipo de instalación y estén dotados de ventilación adecuada y provistos de un aislamiento térmico que evite temperaturas peligrosas.

5. PROTECCIONES ELÉCTRICAS DE LA BATERÍA DE ACUMULADORES

Como norma general los dos polos de las baterías de acumuladores estarán aislados de tierra. Como alternativa en las baterías que estén destinadas a alimentar sistemas de comunicaciones el polo positivo podrá estar puesto a tierra.

Las protecciones mínimas que deberán ser previstas para la instalación de baterías en subestaciones o centrales eléctricas son:

a) A la salida de la batería de acumuladores y antes de las barras de distribución deben instalarse cartuchos fusibles calibrados con señalización de fusión o interruptor automático de corte bipolar. No obstante, en el caso del sistema de comunicaciones con baterías con un polo puesto a tierra, solo se cortará el polo no puesto a tierra (corte unipolar).

b) Todos los circuitos de salida a los distintos servicios deben ir equipados con cartuchos fusibles calibrados o con interruptores automáticos de corte bipolar o unipolar según proceda.

c) Se instalará un dispositivo detector que indique la falta de alimentación a la batería.

d) Se instalará un dispositivo detector de faltas a tierra que, como mínimo, facilite una alarma preventiva en caso de una eventual puesta a tierra del polo o polos aislados.

e) Se instalarán sistemas de alarma de falta de corriente continua en los circuitos esenciales, tales como protección y maniobra.

f) Cuando por el diseño de la batería se pueda producir reducción del nivel de electrólito, se instalará un sistema de alarma de bajo nivel de electrolito.

g) Se instalarán sondas de temperatura en las baterías de acumuladores para efectuar las correcciones oportunas en los sistemas de carga a las mismas.

Las protecciones mínimas que deberán ser previstas para la instalación de baterías en centros de transformación son:

a) Dispositivo detector de faltas internas que facilite una alarma preventiva.

b) Sistema de alarma para la sustitución de la batería.

6. EQUIPO DE CARGA DE BATERÍAS DE ACUMULADORES

6.1. Tipos de equipos de carga

Los tipos de equipos de carga de acumuladores que se utilizan normalmente son los siguientes:

a) Cargadores con puente rectificador de tiristores.

b) Cargadores modulares de fuentes conmutadas de alta frecuencia.

6.2. Características básicas de los equipos de carga para subestaciones

Las baterías de acumuladores deberán ir asociadas a un equipo de carga adecuado, que cumpla con las siguientes condiciones mínimas:

a) Estará equipado con conmutador manual-automático. La posición de automático del conmutador será la que corresponda al funcionamiento normal del equipo cargador, que estará habitualmente en régimen de flotación.

b) Dispondrá de las protecciones correspondientes contra sobrecarga y cortocircuito.

c) Deberá ser capaz de proporcionar una tensión de salida regulada de ±1 %, para los diferentes regímenes de la carga conectada a la batería y para variaciones en la tensión de alimentación del +10 % y −10 % respecto del valor nominal de 400/230 V.

d) Será capaz de mantener el factor de rizado, en cualquier régimen de carga, por debajo del máximo exigido por los equipos alimentados por el conjunto cargador-batería.

e) Dispondrá de un sistema de alarmas y señalizaciones que permita conocer el estado del equipo de carga y cualquier anomalía del mismo.

f) El cableado interior se realizará con cables no propagadores del incendio y con emisión de humos y opacidad reducida. Todos los cables estarán debidamente identificados mediante referencias cruzadas.

g) El equipo cargador dispondrá de una placa de características en la que aparecerá como mínimo: Nombre del Fabricante, modelo del cargador, número de serie, año de fabricación, tensión nominal de salida e intensidad máxima de salida. Adicionalmente y en lugar visible se dispondrá una placa o elemento similar en el que aparecerán los ajustes realizados en fábrica en todos los elementos del equipo.

h) El equipo de carga de las baterías de acumuladores se protegerá contra sobretensiones de tipo transitorio teniendo en cuenta su nivel de aislamiento y lo establecido en la ITC-BT-23 del Reglamento electrotécnico para baja tensión.

6.3. Características básicas de los equipos de carga para centros de transformación

Para la carga de baterías en los centros de transformación se utilizará un equipo rectificador/cargador de tecnología conmutada con las siguientes condiciones mínimas:

a) Dispondrá de las protecciones correspondientes contra sobrecargas y su salida será cortocircuitable.

b) Será capaz de mantener el factor de rizado, en cualquier régimen de carga, por debajo del máximo exigido por los equipos alimentados por el conjunto cargador-batería.

c) Dispondrá de un sistema de alarmas y señalizaciones que permita conocer el estado del equipo de carga y cualquier anomalía del mismo.

d) El cableado interior se realizará con cables no propagadores del incendio y con emisión de humos y opacidad reducida. Todos los cables estarán debidamente identificados mediante referencias cruzadas.

e) El equipo cargador dispondrá de una placa de características en la que aparecerá como mínimo: Nombre del Fabricante, modelo del cargador, número de serie, año de fabricación, tensión nominal de salida e intensidad máxima de salida. Adicionalmente y en lugar visible se dispondrá una placa o elemento similar en el que aparecerán los ajustes realizados en fábrica en todos los elementos del equipo.

f) El equipo de carga de las baterías de acumuladores se protegerá contra sobretensiones de tipo transitorio teniendo en cuenta su nivel de aislamiento y lo establecido en la ITC-BT-23 del Reglamento electrotécnico para baja tensión.

12

Instrucción Técnica Complementaria
ITC-RAT 12

AISLAMIENTO

Índice

1. NIVELES DE AISLAMIENTO NOMINALES

El aislamiento de los equipos que se empleen en las instalaciones de A.T. a las que hace referencia este Reglamento, deberá adaptarse a los valores normalizados indicados en las normas UNE-EN 60071-1 y UNE-EN 60071-2, salvo en casos especiales debidamente justificados por el proyectista de la instalación.

Los valores normalizados de los niveles de aislamiento nominales de los aparatos de AT, definidos por las tensiones soportadas nominales para distintos tipos de solicitaciones dieléctricas, se muestran en las Tablas 1, 2 y 3 reunidos en tres grupos según los valores de la tensión más elevada para el material.

Se distingue:

a) Grupo A. Tensión más elevada del material mayor de 1 kV y menor o igual de 36 kV.

b) Grupo B. Tensión más elevada del material mayor de 36 kV y menor o igual de 245 kV.

c) Grupo C. Tensión más elevada del material mayor de 245 kV.

Las Tablas 1, 2, 3 especifican los niveles de aislamiento nominales asociados con los valores normalizados de la tensión más elevada del material de los Grupos A, B y C, así como las distancias mínimas de aislamiento en aire, entre fases y entre cualquier fase a tierra.

1.1. Niveles de aislamiento nominales para materiales del Grupo A

1.1.1. La tabla 1 especifica los niveles de aislamiento nominales asociados con los valores normalizados de la tensión más elevada del material del Grupo A, así como las distancias mínimas de aislamiento en aire, entre fases y entre cualquier fase a tierra.

Además de la tensión soportada nominal a frecuencia industrial, se dan dos valores de la tensión soportada nominal a los impulsos tipo rayo para cada valor de la tensión más elevada para el material. Estos dos valores se especifican en las listas 1 y 2. No se utilizarán valores intermedios. Los ensayos se especifican con el fin de verificar la capacidad del aislamiento, y en particular la de los devanados y arrollamientos para soportar las sobretensiones de origen atmosférico y las sobretensiones de maniobra de frente escarpado, especialmente las debidas a recebados entre contactos de los aparatos de maniobra.

1.1.2. La elección entre la lista 1 y la lista 2, deberá hacerse considerando el grado de exposición a las sobretensiones de rayo y de maniobra, las características de puesta a tierra de la red y, cuando exista, el tipo de dispositivo de protección contra las sobretensiones.

1.1.3. El material que responda a la lista 1 es utilizable en las siguientes instalaciones:

Tabla 1

Tensión más elevada para el material (U_m) (kV eficaces)	Tensión soportada nominal a frecuencia industrial (kV eficaces)	Tensión soportada nominal a los impulsos tipo rayo (kV cresta)		Distancia mínima de aislamiento en aire fase a tierra y entre fases (mm)			
				Lista 1		Lista 2	
		Lista 1	Lista 2	instalación en interior	instalación en exterior	instalación en interior	instalación en exterior
3,6	10	20		60	120		
			40			60	120
7,2	20	40		60	120		
			60			90	120
12	28	60		90	150		
			75			120	150
17,5	38	75		120	160		
			95			160	160
24	50	95		160	160		
			125			220	220
			145			270	270
36	70	145		270	270		
			170			320	320

1.1.3.1. En redes e instalaciones no conectadas a líneas aéreas:

a) Cuando el neutro está puesto a tierra bien directamente o bien a través de una impedancia de pequeño valor comparado con el de una bobina de extinción. En este caso no es necesario emplear dispositivos de protección contra las sobretensiones, tales como pararrayos.

b) Cuando el neutro del sistema está puesto a tierra a través de una bobina de extinción y en algunas redes equipadas con una protección suficiente contra las sobretensiones. Este es el caso de redes extensas de cables en las que puede ser necesario el empleo de pararrayos capaces de descargar la capacidad de los cables.

1.1.3.2. En redes e instalaciones conectadas a líneas aéreas a través de transformadores en las que la capacidad con respecto a tierra de los cables unidos a las bornas de baja tensión del transformador es al menos de 0,05 µF por fase. Cuando la capacidad a tierra del cable es inferior al valor indicado, pueden conectarse condensadores suplementarios entre el transformador y el aparato de corte, tan cerca como sea posible de los bornes del transformador, de modo que la capacidad total a tierra del cable y de los condensadores llegue a ser al menos de 0,05 µF por fase.

Esto cubre los casos siguientes:

a) Cuando el neutro del sistema está puesto a tierra bien directamente o bien a través de una impedancia de valor pequeño comparado con el de una bobina de extinción. En este caso, puede ser conveniente una protección contra las sobretensiones por medio de pararrayos.

b) Cuando el neutro del sistema está puesto a tierra a través de una bobina de extinción y además existe una protección adecuada contra las sobretensiones por medio de pararrayos.

1.1.3.3 En redes e instalaciones conectadas directamente a líneas aéreas:

a) Cuando el neutro del sistema está puesto a tierra bien directamente o bien a través de una impedancia de valor pequeño comparado con el

130

de una bobina de extinción y donde exista una adecuada protección contra las sobretensiones mediante pararrayos, teniendo en cuenta la probabilidad de la amplitud y frecuencia de las sobretensiones.

b) Cuando el neutro del sistema esté puesto a tierra a través de una bobina de extinción y la protección adecuada contra las sobretensiones esté asegurada por pararrayos.

1.1.4. En todos los demás casos, o cuando sea necesario un alto grado de seguridad, se utilizará el material correspondiente a la lista 2.

1.2. Niveles de aislamiento nominales para materiales del Grupo B

1.2.1. En esta gama de tensiones la elección del nivel de aislamiento debe hacerse principalmente en función de las sobretensiones de tipo rayo que se puedan presentar.

La Tabla 2 especifica los niveles de aislamiento nominales asociados con los valores normalizados de la tensión más elevada para materiales del Grupo B.

Esta tabla asocia uno o más niveles de aislamiento recomendados a cada valor normalizado de la tensión más elevada para el material.

1.2.2. No se utilizarán tensiones de ensayo intermedias. En los casos donde se dé más de un nivel de aislamiento, el más elevado es el que conviene al material situado en redes provistas de bobina de extinción o en las que el coeficiente de falta a tierra sea superior a 1,4.

1.2.3. Sobre una misma red podrán coexistir varios niveles de aislamiento de acuerdo con la diferente situación de cada instalación.

Tabla 2

Tensión más eleva-da para el material (Um) (kV eficaces)	Tensión soportada nominal a frecuen-cia industrial (kV eficaces)	Tensión soportada nominal a los impulsos tipo rayo (kV de cresta)	Distancia mínima de aislamiento en aire fase a tierra y entre fases (mm)
52	95	250	480
72,5	140	325	630
123	185	450	900
	230	550	1100
145	185	450	900
	230	550	1100
	275	650	1300
170	230	550	1100
	275	650	1300
	325	750	1500
245	325	750	1500
	360	850	1700
	395	950	1900
	460	1050	2100

1.3. Niveles de aislamiento nominales para materiales del Grupo C

1.3.1 En este grupo de tensiones, la elección del material a instalar es función primordial de las sobretensiones de maniobra que se esperen en la red y el nivel de aislamiento del material se caracteriza por las tensiones soportadas a los impulsos tipo maniobra y tipo rayo.

132

Tabla 3

Tensión más elevada para el material (U_m) (kV eficaces)	Tensión soportada nominal a impulsos tipo rayo 1,2/50 µskV (valor de cresta)	Tensión soportada nominal a los impulsos tipo maniobra Fase a tierra 250/2500µs kV (valor de cresta)	Distancia mínima de aislamiento en aire fase a tierra (mm)		Tensión soportada nominal a los impulsos tipo maniobra Entre fases 250/2500 µs kV (valor de cresta)	Distancia mínima de aislamiento en aire entre fases (mm)	
			Conductor/ estructura (mm) (*)	Punta/ estructura (mm) (*)		Conductor/ conductor (paralelos) (mm) (*)	Punta/ conductor (mm) (*)
420	1050	850	1900	2400	1360	2900	3400
	1175		2200				
	1175	950	2200	2900	1425	3100	3600
	1300		2400				
	1300	1050	2600	3400	1575	3600	4200
	1425						

(*) Las configuraciones "punta-estructura" y "punta-conductor" son las más desfavorables que normalmente puede encontrarse; las configuraciones "conductor-estructura" y "conductor-conductor (paralelos) cubren un amplio campo de configuraciones normales y resultan menos desfavorables que las anteriores.

Esta tabla da las combinaciones recomendadas entre las tensiones más elevadas para el material y el nivel de aislamiento. Cuando, debido a las características de la red, o a los métodos elegidos para controlar las sobretensiones de maniobra o de rayo el empleo de combinaciones distintas a las de la tabla quede justificado técnicamente, los valores seleccionados deben tomarse de entre los que figuran en la tabla.

1.3.2. En una misma red pueden coexistir varios niveles de aislamiento, correspondientes a instalaciones situadas en diferentes lugares de la red o a diferentes materiales pertenecientes a una misma instalación.

2. ENSAYOS

Los ensayos de tensión soportada de las instalaciones o de los distintos aparatos que las componen, están destinados a la comprobación de sus niveles de aislamiento.

Para la realización de los ensayos de verificación del nivel de aislamiento se seguirá lo especificado en la serie de normas UNE-EN 60060 sobre ensayos en alta tensión, y en las normas de la serie UNE-EN 60071 sobre coordinación de aislamiento, debiendo tenerse además en cuenta lo establecido para cada tipo particular de aparato o instalación en la correspondiente norma UNE que en cada caso establecen los ensayos que deben considerarse como ensayos de tipo y los que deben considerarse como ensayos individuales.

3. DISTANCIAS EN EL AIRE ENTRE ELEMENTOS EN TENSIÓN Y ENTRE ESTOS Y ESTRUCTURAS METÁLICAS PUESTAS A TIERRA

3.1. En las instalaciones en que por alguna razón, no puedan realizarse ensayos de verificación del nivel de aislamiento, es aconsejable tomar ciertas medidas que eviten descargas disruptivas con tensiones inferiores a las correspondientes al nivel de aislamiento que hubiera sido prescrito en caso de haberse podido ensayar.

Debe cumplirse la condición de que las tensiones soportadas en el aire entre las partes en tensión y entre éstas y tierra sean iguales a las tensiones nominales soportadas especificadas en los apartados 1.1, 1.2 y 1.3. Esta condición equivale a mantener unas distancias mínimas que dependen de las configuraciones de las partes activas y de las estructuras próximas.

3.2. No se establece ninguna distancia para aquellos equipos para los que están especificados ensayos de comprobación del nivel de aislamiento, puesto que ello entorpecería su diseño, aumentaría su costo y dificultaría el progreso tecnológico.

134

3.3. Las Tablas 1,2 y 3 indican el valor mínimo de la distancia, que debe respetarse en los equipos e instalaciones en que no se realicen ensayos en correspondencia con un nivel de aislamiento. Las distancias especificadas en ellas se refieren simplemente a distancias en el aire sin tener en consideración los caminos de descarga por contorneo de un aislador, que habrán de haberse ensayado en laboratorio según las normas UNE-EN 60168 y UNE-EN 60507.

3.3.1. Para separar eléctricamente circuitos se utilizarán preferentemente seccionadores ensayados a la tensión soportada nominal a los impulsos tipo rayo o tipo maniobra para las distancias de seccionamiento (*véase* la norma UNE-EN 60271-1). No obstante, también puede lograrse la condición de seccionamiento sin necesidad de ningún ensayo, si las distancias entre los dos extremos seccionados de cada una de las fases se incrementan al menos en un 25 por ciento respecto de las distancias mínimas de aislamiento en el aire de las tablas 1 y 2 para los grupos de tensiones A y B, y en su caso, las distancias mínimas de aislamiento en el aire entre fases de la tabla 3 para el grupo de tensiones C.

3.3.2. Las distancias mínimas de aislamiento en el aire entre partes de una instalación que puedan separarse mediante un seccionador o distancia de seccionamiento equivalente (tanto entre conductores de una misma fase como de fases distintas) serán, al menos un 25 por ciento superiores a las distancias mínimas de aislamiento entre fases de la tablas 1, 2 y 3 de esta ITC. Si los niveles de aislamiento asignados para las dos partes de la instalación que se pueden separar son distintos se tomará la correspondiente al nivel de aislamiento mayor. Esto no aplica a las distancias dentro de un mismo equipo, que vendrán marcadas por sus normas correspondientes.

3.3.3. Los valores de las distancias indicados en las tablas son los valores mínimos determinados por consideraciones de tipo eléctrico, por lo que en ciertos casos, deben ser incrementados para tener en cuenta otros conceptos como tolerancias de construcción, efectos de cortocircuitos, efectos del viento, seguridad del personal, etc.

Por otra parte, estas distancias son solamente válidas para altitudes no superiores a 1000 metros. Para instalaciones situadas por encima de los 1000 metros de altitud, las distancias mínimas en el aire hasta los 3000 metros deberán aumentarse en un 1,4 por ciento por cada 100 metros o fracción por encima de los 1000 m.

13

Instrucción Técnica Complementaria
ITC-RAT 13

INSTALACIONES
DE PUESTA A TIERRA

Incluye corrección de errores del Real Decreto 337/2014[1]

---

[1] Correcciones de errores del Real Decreto 337/2014, de 9 de mayo.

Índice

1. PRESCRIPCIONES GENERALES DE SEGURIDAD

1.1. Tensiones máximas admisibles en una instalación

Toda instalación eléctrica deberá disponer de una protección o instalación de tierra diseñada en forma tal que, en cualquier punto normalmente accesible del interior o exterior de la misma donde las personas puedan circular o permanecer, estas queden sometidas como máximo a las tensiones de paso y contacto (durante cualquier defecto en la instalación eléctrica o en la red unida a ella) que resulten de la aplicación de las fórmulas que se recogen a continuación.

Cuando se produce una falta a tierra, partes de la instalación se pueden poner en tensión, y en el caso de que una persona estuviese tocándolas, podría circular a través de él una corriente peligrosa. La norma UNE-IEC/TS 60479-1 da indicaciones sobre los efectos de la corriente que pasa a través del cuerpo humano en función de su magnitud y duración, estableciendo una relación entre los valores admisibles de la corriente que puede circular a través del cuerpo humano y su duración.

Los valores admisibles de la tensión de contacto aplicada, U_{ca}, a la que puede estar sometido el cuerpo humano entre la mano y los pies, en función de la duración de la corriente de falta, se dan en la Figura 1.

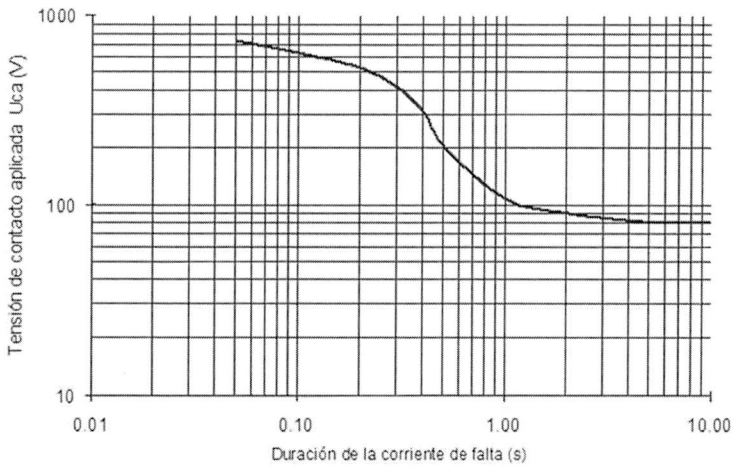

Figura 1. Valores admisibles de la tensión de contacto aplicada U_{ca} en función de la duración de la corriente de falta

En la Tabla 1 se muestran valores de algunos de los puntos de la curva anterior:

Tabla 1. Valores admisibles de la tensión de contacto aplicada U_{ca} en función de la duración de la corriente de falta t_F

Duración de la corriente de falta, t_F (s)	Tensión de contacto aplicada admisible, U_{ca} (V)
0.05	735
0.10	633
0.20	528
0.30	420
0.40	310
0.50	204
1.00	107
2.00	90
5.00	81
10.00	80
> 10.00	50

Esta curva ha sido determinada considerando las siguientes hipótesis:

a) La corriente circula entre la mano y los pies.

b) Únicamente se ha considerado la propia impedancia del cuerpo humano, no considerándose resistencias adicionales como la resistencia a tierra del punto de contacto con el terreno, la resistencia del calzado o la presencia de empuñaduras aislantes, etc.

c) La impedancia del cuerpo humano utilizada tiene un 50 % de probabilidad de que su valor sea menor o igual al considerado.

d) Una probabilidad de fibrilación ventricular del 5 %.

Los valores admisibles de la tensión de paso aplicada entre los dos pies de una persona, considerando únicamente la propia impedancia del cuerpo humano sin resistencias adicionales como las de contacto con el terreno o las del calzado, se define como diez veces el valor admisible de la tensión de contacto aplicada, ($U_{pa} = 10\ U_{ca}$).

Estas hipótesis establecen una óptima seguridad para las personas debido a la baja probabilidad de que simultáneamente se produzca una falta a tierra y la persona o animal esté tocando un componente conductor de la instalación.

Salvo casos excepcionales justificados, no se considerarán tiempos de duración de la corriente de falta inferiores a 0,1 segundos.

Para definir la duración de la corriente de falta aplicable, se tendrá en cuenta el funcionamiento correcto de las protecciones y los dispositivos de maniobra. En caso de instalaciones con reenganche automático rápido (no superior a 0,5 segundos), el tiempo a considerar será la suma de los tiempos parciales de mantenimiento de la corriente de defecto.

Cada defecto a tierra será desconectado automática o manualmente. Por tanto, las tensiones de contacto o de paso de muy larga duración, o de duración indefinida, no aparecen como una consecuencia de los defectos a tierra.

Si un sistema de puesta a tierra satisface los requisitos numéricos establecidos para tensiones de contacto aplicadas, se puede suponer que, en la mayoría de los casos, no aparecerán tensiones de paso aplicadas peligrosas. Cuando las tensiones de contacto calculadas sean superiores a los valores máximos admisibles, se recurrirá al empleo de medidas adicionales de seguridad a fin de reducir el riesgo de las personas y de los bienes, en cuyo caso será necesario cumplir los valores máximos admisibles de las tensiones de paso aplicadas.

A partir de los valores admisibles de la tensión de contacto o paso aplicada, se pueden determinar las máximas tensiones de contacto o paso admisibles en la instalación, U_c, U_p, considerando todas las resistencias adicionales que intervienen en el circuito tal y como se muestra en la siguiente Figura 2:

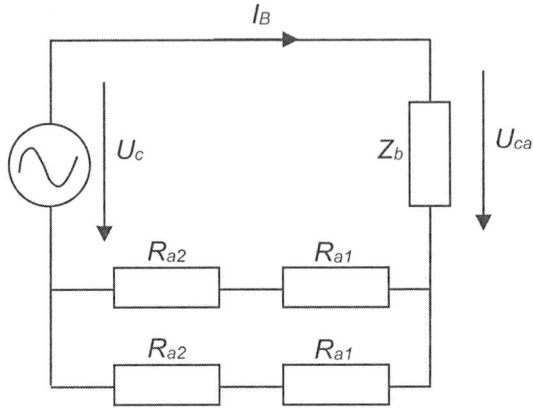

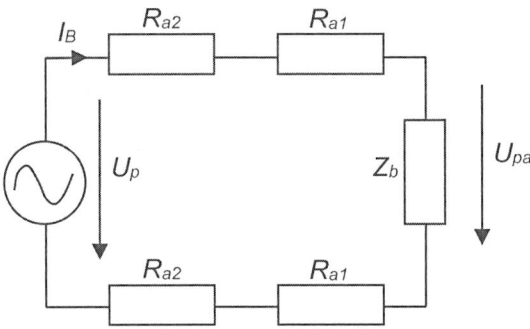

Figura 2. Circuitos para el cálculo de las tensiones de paso y contacto admisibles en una instalación.

donde:

U_{ca}: tensión de contacto aplicada admisible, la tensión a la que puede estar sometido el cuerpo humano entre una mano y los pies.

U_{pa}: tensión de paso aplicada admisible, la tensión a la que puede estar sometido el cuerpo humano entre los dos pies. ($U_{pa} = 10\ U_{ca}$).

Z_B: impedancia del cuerpo humano. Se considerará un valor de 1000 Ω.

I_B Corriente que fluye a través del cuerpo.

U_c: tensión de contacto máxima admisible en la instalación que garantiza la seguridad de las personas, considerando resistencias adicionales (por ejemplo, resistencia a tierra del punto de contacto, calzado, presencia de superficies de material aislante).

U_p: tensión de paso máxima admisible en la instalación que garantiza la seguridad de las personas, considerando resistencias adicionales (por ejemplo, resistencia a tierra del punto de contacto, calzado, presencia de superficies de material aislante).

R_a: resistencia adicional total suma de las resistencias adicionales individuales.

R_{a1}: es, por ejemplo, la resistencia equivalente del calzado de un pie cuya suela sea aislante. Se puede emplear como valor 2000 Ω. Se considerará nula esta resistencia cuando las personas puedan estar descalzas, en instalaciones situadas en lugares tales como jardines, piscinas, campings, y áreas recreativas.

R_{a2}: resistencia a tierra del punto de contacto con el terreno de un pie, R_{a2} = $3\rho_s$, donde ρ_s es la resistividad del suelo cerca de la superficie.

A efectos de los cálculos para el proyecto, para determinar las máximas tensiones de contacto y paso admisibles se podrán emplear las expresiones siguientes:

$$U_c = U_{ca} \left[1 + \frac{R_{a1} + R_{a2}}{2\, Z_B} \right] = U_{ca} \left[1 + \frac{\dfrac{R_{a1}}{2} + 1{,}5\rho_S}{1000} \right] \qquad (1)$$

$$U_p = U_{pa} \left[1 + \frac{2R_{a1} + 2R_{a2}}{Z_B} \right] = 10\, U_{ca} \left[1 + \frac{2R_{a1} + 6\rho_S}{1000} \right] \qquad (2)$$

que responde al siguiente planteamiento:

- U_{ca} es el valor admisible de la tensión de contacto aplicada que es función de la duración de la corriente de falta (Figura 1 o Tabla 1 de este mismo apartado).

- Se supone que la resistencia del cuerpo humano es de 1000 Ω.

143

- Se asimila cada pie a un electrodo en forma de placa de 200 cm^2 de superficie, ejerciendo sobre el suelo una fuerza mínima de 250 N, lo que representa una resistencia de contacto con el suelo para cada electrodo de 3 ρ_s, evaluada en función de la resistividad superficial aparente, ρ_s, del terreno.

- Según cada caso, R_{a1} es la resistencia del calzado, la resistencia de superficies de material aislante, etc. Para la resistencia del calzado se puede utilizar R_{a1} = 2000 Ω.

Para calcular la resistividad superficial aparente del terreno en los casos en que el terreno se recubra de una capa adicional de elevada resistividad (grava, hormigón, etc.), se multiplicará el valor de la resistividad de la capa de terreno adicional, por un coeficiente reductor. El coeficiente reductor se obtendrá de la expresión siguiente:

$$C_S = 1 - 0,106 \cdot \left(\frac{1 - \dfrac{\rho}{\rho^*}}{2h_S + 0,106} \right) \qquad (3)$$

siendo:

C_S: coeficiente reductor de la resistividad de la capa superficial.

h_S: espesor de la capa superficial, en metros.

ρ: resistividad del terreno natural.

ρ^*: resistividad de la capa superficial.

Si son de prever contactos del cuerpo humano con partes metálicas no activas que puedan ponerse a distinto potencial, se aplicará la fórmula (1) de la tensión de contacto haciendo ρ_s = 0 y sin considerar resistencias adicionales.

El proyectista de la instalación de tierra deberá comprobar mediante el empleo de un procedimiento de cálculo sancionado por la práctica que los valores de las tensiones de contacto U'_c, y de paso, U'_p, que calcule para la instalación proyectada en función de la geometría de la misma, de la corriente de puesta a tierra que considere y de la resistividad correspondiente al terreno, no superen en las condiciones más desfavorables las calculadas por las fórmulas (1) y (2) en ninguna zona del terreno afectada por la instalación de tierra.

144

1.2. Prescripciones en relación con el dimensionado

El dimensionado de las instalaciones se hará de forma que no se produzcan calentamientos que puedan deteriorar sus características o aflojar elementos desmontables.

El dimensionado de la instalación de tierra es función de la intensidad que, en caso de defecto, circula a través de la parte afectada de la instalación de tierra y del tiempo de duración del defecto. A tal efecto, el proyectista considerará que la intensidad de puesta a tierra puede ser una fracción de la intensidad de defecto a tierra calculada para la instalación.

En las instalaciones con redes de tensiones nominales distintas y una instalación de tierra común, debe cumplirse lo anterior para cada red. Podrán no tomarse en consideración defectos simultáneos en varias redes. Para determinar los tiempos de defecto se considerará el funcionamiento correcto de las protecciones, conforme a los tiempos de regulación seleccionados.

Lo indicado anteriormente, en este apartado 1.2, no se aplica a las puestas a tierra provisionales de los lugares de trabajo.

Los electrodos y demás elementos metálicos llevarán las protecciones precisas para evitar corrosiones peligrosas durante la vida de la instalación.

Se tendrán en cuenta las variaciones posibles de las características del suelo en épocas secas y después de haber sufrido corrientes de defecto elevadas.

Al efecto se dan instrucciones en los apartados que siguen sobre la forma de determinar las dimensiones, fijando en ciertos casos valores mínimos.

2. DISEÑO DE INSTALACIONES DE PUESTA A TIERRA

2.1. Procedimiento

Teniendo en cuenta las tensiones aplicadas máximas establecidas en el apartado 1.1, al proyectar una instalación de tierras se seguirá el procedimiento que sigue:

1. Investigación de las características del suelo.

2. Determinación de las corrientes máximas de puesta a tierra y del tiempo máximo correspondiente de eliminación del defecto.

145

3. Diseño preliminar de la instalación de tierra.

4. Cálculo de la resistencia del sistema de tierra.

5. Cálculo de las tensiones de paso en el exterior de la instalación.

6. Cálculo de las tensiones de paso y contacto en el interior de la instalación.

7. Comprobar que las tensiones de paso y contacto calculadas en los párrafos 5 y 6 son inferiores a los valores máximos definidos por las ecuaciones (1) y (2).

8. Investigación de las tensiones transferibles al exterior por tuberías, raíles, vallas, conductores de neutro, pantallas o armaduras de cables, circuitos de señalización y de los puntos especialmente peligrosos, y estudio de las formas de eliminación o reducción.

9. Corrección y ajuste del diseño inicial estableciendo el definitivo.

Después de construida la instalación de tierra, se harán las comprobaciones y verificaciones precisas in situ, tal como se indica en el apartado 8.1, y se efectuarán los cambios necesarios que permitan alcanzar valores de tensión aplicada inferiores o iguales a los máximos admitidos.

2.2. Condiciones difíciles de puesta a tierra

Cuando por los valores de la resistividad del terreno, de la corriente de puesta a tierra o del tiempo de eliminación de la falta, no sea posible técnicamente, o resulte económicamente desproporcionado mantener los valores de las tensiones aplicadas de paso y contacto dentro de los límites fijados en los apartados anteriores, deberá recurrirse al empleo de medidas adicionales de seguridad a fin de reducir los riesgos a las personas y los bienes.

Tales medidas podrán ser entre otras:

a) Hacer inaccesibles las zonas peligrosas.

b) Disponer suelos o pavimentos que aíslen suficientemente de tierra las zonas de servicio peligrosas.

c) Aislar todas las empuñaduras o mandos que hayan de ser tocados.

d) Establecer conexiones equipotenciales entre la zona donde se realice el servicio y todos los elementos conductores accesibles desde la misma.

e)   Aislar los conductores de tierra a su entrada en el terreno.

Se dispondrá el suficiente número de rótulos avisadores con instrucciones adecuadas en las zonas peligrosas y existirán a disposición del personal de servicio, medios de protección tales como calzado aislante, guantes, banquetas o alfombrillas aislantes.

3. ELEMENTOS DE LAS INSTALACIONES DE PUESTA A TIERRA Y CONDICIONES DE MONTAJE

Las instalaciones de puesta a tierra estarán constituidas por uno o varios electrodos de puesta a tierra enterrados y por las líneas de puesta a tierra que conecten dichos electrodos a los elementos que deban quedar puestos a tierra.

En las líneas de puesta a tierra deberán existir los suficientes puntos de puesta a tierra que faciliten las medidas de comprobaciones del estado de los electrodos y la conexión a tierra de la instalación.

Para la puesta a tierra se podrán utilizar en ciertos casos, previa justificación:

a)   Las canalizaciones metálicas.

b)   Las armaduras de los cables.

c)   Los elementos metálicos de fundaciones, salvo las armaduras pretensadas del hormigón.

3.1. Líneas de puesta a tierra

Los conductores empleados en las líneas de puesta a tierra tendrán una resistencia mecánica adecuada y ofrecerán una elevada resistencia a la corrosión.

Su sección será tal, que la máxima corriente que circule por ellos en caso de defecto o de descarga atmosférica no lleve a estos conductores a una temperatura cercana a la de fusión, ni ponga en peligro sus empalmes y conexiones.

A efectos de dimensionado de las secciones, el tiempo mínimo a considerar para duración del defecto a la frecuencia de la red será de un segundo, y no podrán superarse las siguientes densidades de corriente:

a) Cobre: 160 A/mm^2.

b) Aluminio: 100 A/mm^2.

c) Acero: 60 A/mm^2.

Sin embargo, se establecen como mínimo secciones de 25 mm^2 en el caso de cobre y 50 mm^2 en el caso del acero y 35 mm^2 para aluminio.

Los anteriores valores corresponden a una temperatura final aproximada de 200° C. Puede admitirse un aumento de esta temperatura hasta 300° C si no supone riesgo de incendio, lo que equivale a dividir por 1,2 las secciones determinadas de acuerdo con lo dicho anteriormente, respetándose los valores mínimos señalados.

Cuando se empleen materiales diferentes de los indicados, se cuidará:

a) Que las temperaturas no sobrepasen los valores indicados en el párrafo anterior.

b) Que la sección sea como mínimo equivalente, desde el punto de vista térmico, a la de cobre que hubiera sido precisa.

c) Que desde el punto de vista mecánico, su resistencia sea, al menos, equivalente a la del cobre de 25 mm^2.

Cuando los tiempos de duración del defecto sean superiores a un segundo, se calcularán y justificarán las secciones adoptadas en función del calor producido y su disipación.

Podrán usarse como conductores de tierra las estructuras de acero de apoyo de los elementos de la instalación, siempre que cumplan las características generales exigidas a los conductores y a su instalación.

3.2. Instalación de líneas de puesta a tierra

Los conductores de las líneas de puesta a tierra deben instalarse procurando que su recorrido sea lo más corto posible, evitando trazados tortuosos y curvas de poco radio. Con carácter general se recomienda que sean conductores desnudos instalados al exterior de forma visible.

En el caso de que fuese conveniente realizar la instalación cubierta, deberá serlo de forma que pueda comprobarse el mantenimiento de sus características.

En las líneas de puesta a tierra no podrán insertarse fusibles ni interruptores.

Los empalmes y uniones deberán realizarse con medios de unión apropiados, que aseguren la permanencia de la unión, no experimenten al paso de la corriente calentamientos superiores a los del conductor, y estén protegidos contra la corrosión galvánica.

3.3. Electrodos de puesta a tierra

Los electrodos de puesta a tierra estarán formados por materiales metálicos en forma de picas, varillas, conductores, chapas, perfiles, que presenten una resistencia elevada a la corrosión por sí mismos, o mediante una protección adicional, tales como el cobre o el acero debidamente protegido, en cuyo caso se tendrá especial cuidado de no dañar el recubrimiento de protección durante el hincado.

Si se utilizasen otros materiales habrá de justificarse su empleo.

Los electrodos podrán disponerse de las siguientes formas:

a) Picas hincadas en el terreno, constituidas por tubos, barras y otros perfiles, que podrán estar formados por elementos empalmables.

b) Varillas, barras o conductores enterrados, dispuestos en forma radial, mallada o anular.

c) Placas o chapas enterradas.

3.4. Dimensiones mínimas de los electrodos de puesta a tierra

a) Las dimensiones de las picas se ajustarán a las especificaciones siguientes:

1º. Los redondos de cobre o acero recubierto de cobre, no serán de un diámetro inferior a 14 mm. Los de acero sin recubrir no tendrán un diámetro inferior a 20 mm.

2º. Los tubos no serán de un diámetro inferior a 30 mm ni de un espesor de pared inferior a 3 mm.

3°. Los perfiles de acero no serán de un espesor inferior a 5 mm ni de una sección transversal inferior a 350 mm².

b) Los electrodos enterrados, sean de varilla, conductor desnudo o pletina, deberán tener una sección mínima de 50 mm² los de cobre, y 100 mm² los de acero. El espesor mínimo de las pletinas y el diámetro mínimo de los alambres de los conductores no será inferior a 2 mm los de cobre, y 3 mm los de acero.

c) Las placas o chapas tendrán un espesor mínimo de 2 mm los de cobre, y 3 mm las de acero.

d) En el caso de suelos en los que pueda producirse una corrosión particularmente importante, deberán aumentarse los anteriores valores.

e) Para el cálculo de la sección de los electrodos se remite a lo indicado en el apartado 3.1.

3.5. Instalación de electrodos de puesta a tierra

En la elección del tipo de electrodos, así como de su forma de colocación y de su emplazamiento, se tendrán presentes las características generales de la instalación eléctrica, del terreno y el riesgo potencial para las personas y los bienes.

Se procurará utilizar las capas de tierra más conductoras, haciéndose la colocación de electrodos con el mayor cuidado posible en cuanto a la compactación del terreno.

Se deberá tener presente la influencia de las heladas para determinar la profundidad de la instalación.

4. CARACTERÍSTICAS DEL SUELO Y DE LOS ELECTRODOS DE PUESTA A TIERRA QUE DEBEN TENERSE EN CUENTA EN LOS CÁLCULOS

4.1. Resistividad del terreno

En el apartado 2 de esta Instrucción se indica la necesidad de investigar las características del terreno, para realizar el proyecto de una instalación de tierra. Sin embargo, en las instalaciones de tercera categoría y de intensidad de cortocircuito a tierra inferior o igual a 1500 A no será obligatorio realizar la citada investigación previa de la resistividad del suelo, bastando el examen visual del terreno, pudiéndose estimar su resistividad por medio de la Tabla 2 siguiente, en las que se dan unos valores orientativos. Para intensidades de cortocircuito a tierra superiores a 1000 A, si el proyectista utiliza en sus cálculos resistividades del terreno inferiores a 200 $\Omega \cdot$ m deberá justificar dicho valor mediante un estudio que incluya mediciones de la resistividad.

Tabla 2

Naturaleza del terreno	Resistividad en ohmios metro
Terrenos pantanosos	De algunas unidades a 30
Limo	20 a 100
Humus	10 a 150
Turba húmeda	5 a 100
Arcilla plástica	50
Margas y arcillas compactas	100 a 200
Margas del jurásico	30 a 40
Arena arcillosa	50 a 500
Arena silícea	200 a 3000
Suelo pedregoso cubierto de césped	300 a 500
Suelo pedregoso desnudo	1500 a 3000
Calizas blandas	100 a 300
Calizas compactas	1000 a 5000
Calizas agrietadas	500 a 1000
Pizarras	50 a 300
Rocas de mica y cuarzo	800
Granitos y gres procedentes de alteración	1500 a 10000
Granitos y gres muy alterados	100 a 600
Hormigón	2000 a 3000
Basalto o grava	3000 a 5000

4.2. Resistencia de tierra del electrodo

La resistencia de tierra del electrodo, que depende de su forma y dimensiones y de la resistividad del suelo, se puede calcular por las fórmulas contenidas en la Tabla 3 que sigue, o mediante programas u otras expresiones numéricas suficientemente probadas:

Tabla 3

Tipo de electrodo	Resistencia en ohmios
Placa enterrada profunda	$R = 0{,}8 \cdot \dfrac{\rho}{P}$
Placa enterrada superficial	$R = 1{,}6 \cdot \dfrac{\rho}{P}$
Pica vertical	$R = \dfrac{\rho}{L}$
Conductor enterrado horizontalmente	$R = \dfrac{2\rho}{L}$
Malla de tierra	$R = \dfrac{\rho}{4r} + \dfrac{\rho}{L}$

siendo:

R: resistencia de tierra del electrodo en Ω.

ρ: resistividad del terreno de $\Omega \cdot$ m.

P: perímetro de la placa en metros.

L: longitud en metros de la pica o del conductor, y en malla la longitud total de los conductores enterrados.

r: radio en metros de un círculo de la misma superficie que el área cubierta por la malla.

4.3. Efecto de la humedad

Cuando la humedad del terreno varíe considerablemente de unas épocas del año a otras se tendrá en cuenta esta circunstancia al dimensionar y establecer el sistema de tierra. Se podrán usar recubrimientos de gravas como ayuda para conservar la humedad del suelo.

4.4. Efecto de la temperatura

Al alcanzar el suelo temperaturas inferiores a 0 °C aumenta mucho su resistividad. Por ello en zonas con peligro de heladas los electrodos se enterrarán a una profundidad que no alcance esa temperatura o se tendrá en cuenta esta circunstancia en el cálculo.

5. DETERMINACIÓN DE LAS CORRIENTES DE DEFECTO PARA EL CÁLCULO DE LAS TENSIONES DE PASO Y CONTACTO

El proyectista deberá tener en cuenta los posibles tipos de defectos a tierra y las corrientes máximas en los distintos niveles de tensiones existentes en la instalación y tomará el valor más desfavorable.

Para el cálculo de las corrientes de defecto y de puesta a tierra, se ha de tener en cuenta la forma de conexión del neutro a tierra, así como la configuración y características de la red durante el período subtransitorio.

En el caso de red con neutro a tierra, bien rígido o a través de una impedancia, se considerará a efectos del cálculo de la tensión aplicada de contacto o paso, el valor de la intensidad de la corriente de puesta a tierra (I_E) que provoca la elevación del potencial de la instalación a tierra.

La corriente que se considera para el cálculo de la tensión aplicada de contacto o paso será la corriente de puesta a tierra I_E, que depende de la corriente de defecto a tierra (I_F) y de un factor de reducción r. En la Figura 3 se muestra el esquema eléctrico equivalente de una instalación eléctrica para determinar las corrientes de puesta a tierra, I_E y de defecto a tierra I_F.

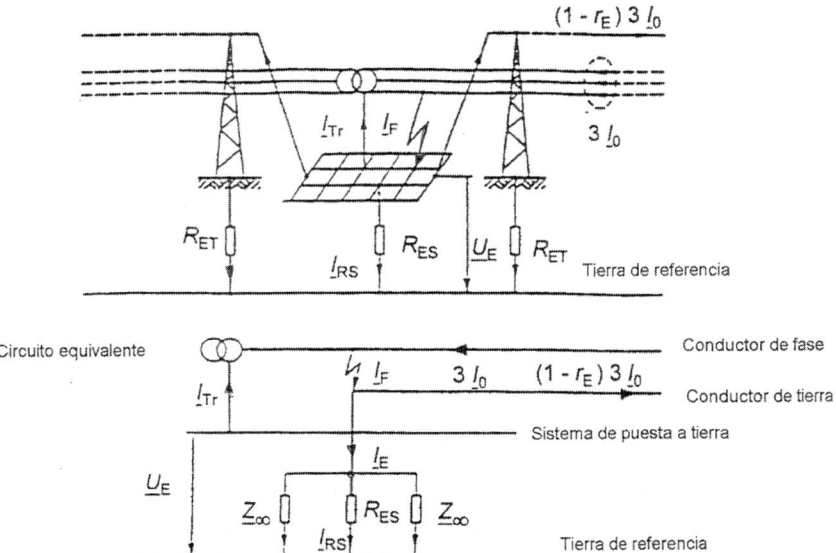

Figura 3. Ejemplo de corrientes de puesta a tierra en una instalación de alta tensión

donde:

3 I_0: tres veces la corriente homopolar de la línea.

I_{Tr}: corriente a través del neutro del transformador.

I_F: corriente de defecto a tierra.

I_E: corriente de puesta a tierra, que no se puede medir directamente.

I_{RS}: corriente de puesta a tierra por el electrodo de la subestación.

r: factor de reducción.

R_{ES}: resistencia de puesta a tierra del electrodo de la subestación.

R_{ET}: resistencia de puesta a tierra de la torre.

Z_∞: impedancia entre el cable de tierra y tierra (se considera prácticamente infinita).

Z_E: impedancia a tierra.

U_E: tensión de puesta a tierra.

n: número de líneas que parten de la subestación.

Se tienen según la Figura 2 las siguientes relaciones:

$$I_F = 3\ I_0 + I_{Tr}$$

$$I_E = r\ (I_F - I_{Tr}) = r \cdot 3\ I_0$$

$$U_E = I_E \cdot Z_E$$

Si se supone que la impedancia entre el cable de tierra y la tierra de referencia es igual para todas las torres (en el ejemplo de la Figura 3 existen dos líneas y, por tanto, $n = 2$), se tendría que:

$$Z_E = \cfrac{1}{\cfrac{1}{R_{ES}} + \cfrac{n}{Z_\infty}}$$

6. INSTRUCCIONES GENERALES DE PUESTA A TIERRA

6.1. Elementos a conectar a tierra por motivos de protección

Se pondrán a tierra las partes metálicas de una instalación que no estén en tensión normalmente pero que puedan estarlo a consecuencia de averías, accidentes, descargas atmosféricas o sobretensiones.

Salvo las excepciones señaladas en los apartados que se citan, se pondrán a tierra los siguientes elementos:

a) Los chasis y bastidores de aparatos de maniobra.

b) Los envolventes de los conjuntos de armarios metálicos. (Ver apartado 7.3).

c) Las puertas metálicas de los locales. (*Ver* apartado 7.4).

d) Las vallas y cercas metálicas. (*Ver* apartado 7.6).

e) Las columnas, soportes, pórticos, etc.

f) Las estructuras y armaduras metálicas de los edificios que contengan instalaciones de alta tensión. (*Ver* apartado 7.5).

g) Las armaduras metálicas de los cables. (*Ver* apartado 7.5).

h) Las tuberías y conductos metálicos. (*Ver* apartado 7.5).

i) Las carcasas de transformadores, generadores, motores y otras máquinas.

j) Hilos de guarda o cables de puesta a tierra de las líneas aéreas.

k) Los elementos de derivación a tierra de los seccionadores de puesta a tierra.

l) Pantalla de separación de los circuitos primario y secundario de los transformadores de medida o protección.

6.2. Elementos a conectar a tierra por motivos de servicio

Se conectarán a tierra los elementos de la instalación necesarios y entre ellos:

a) Los neutros de los transformadores, que lo precisen, en instalaciones o redes con neutro a tierra de forma directa o a través de resistencias o bobinas.

b) El neutro de los alternadores y otros aparatos o equipos que lo precisen.

c) Los circuitos de baja tensión de los transformadores de medida o protección, salvo que existan pantallas metálicas de separación conectadas a tierra entre los circuitos de alta y baja tensión de los transformadores.

d) Los limitadores, descargadores, autoválvulas, pararrayos, para eliminación de sobretensiones o descargas atmosféricas. (*Ver* apartado 7.1).

6.3. Instalación de tierra general

Los elementos destinados a conectarse a tierra indicados en los apartados 6.1 y 6.2 se conectarán a una instalación de tierra general.

De esta regla general deben excluirse aquellas puestas a tierra a causa de las cuales puedan presentarse en algún punto tensiones peligrosas para las personas, bienes o instalaciones eléctricas.

En este sentido se preverán tierras separadas en los casos siguientes:

a) Los señalados en la presente Instrucción para Centros de Transformación.

b) Los casos en que fuera conveniente separar de la instalación de tierra general los puntos neutros de los devanados de los transformadores.

c) Los limitadores de tensión de las líneas de corriente débil (telefónicas, telegráficas, etc.), que se extienden fuera de la instalación.

En las instalaciones en las que coexistan instalaciones de tierra separadas o independientes, se tomarán medidas para evitar el contacto simultáneo inadvertido con elementos conectados a instalaciones de tierra diferentes, así como la transferencia de tensiones peligrosas de una a otra instalación.

Para la puesta a tierra de las masas de utilización de las instalaciones de baja tensión se seguirán los criterios establecidos en la ITC-BT-18 del Reglamento Electrotécnico para Baja Tensión.

Para facilitar la medida y revisión de la instalación de puesta a tierra se instalarán cajas de registro para cada instalación de puesta a tierra.

7. DISPOSICIONES PARTICULARES DE PUESTA A TIERRA

En la puesta a tierra de los elementos que a continuación se indican, es preciso tener en cuenta las siguientes disposiciones:

7.1. Descargadores de sobretensiones

La puesta a tierra de los dispositivos utilizados como descargadores de sobretensiones se conectará a la puesta a tierra del aparato o aparatos que protejan. Estas conexiones deben realizarse procurando que su recorrido sea mínimo y sin cambios bruscos de dirección.

La instalación de puesta a tierra asegurará, en cualquier caso, que para las intensidades de descarga previstas, las tensiones a tierra de estos dispositivos no alcancen valores que puedan ser origen de tensiones de retorno o transferidas de carácter peligroso para otras instalaciones o aparatos igualmente puestos a tierra.

Los conductores empleados para la puesta a tierra del descargador o descargadores de sobretensiones no dispondrán de cintas ni tubos de protección de material magnético.

7.2. Seccionadores de puesta a tierra

En las instalaciones en las que existan líneas aéreas de salida no equipadas con cable a tierra, pero equipadas con seccionadores de puesta a tierra conectados a la tierra general, deberán adoptarse las precauciones necesarias para evitar la posible transferencia a la línea de tensiones de contacto peligrosas durante los trabajos de mantenimiento en la misma.

7.3. Conjuntos protegidos por envolvente metálica

En los conjuntos protegidos por envolvente metálica deberá existir una línea de tierra común para la puesta a tierra de la envolvente, dispuesta a lo largo de toda la aparamenta. La sección mínima de dicha línea de tierra será de 25 mm², si es de cobre, y para otros materiales tendrá la sección equivalente de acuerdo con lo dictado en la presente Instrucción. (*Ver* apartado 3.1).

Las envolventes externas de cada celda se conectarán a la línea de tierra común, como asimismo se hará con todas las partes metálicas que no formen parte de un circuito principal o auxiliar que deban ser puestas a tierra.

A efectos de conexión a tierra de las armaduras internas, tabiques de separación de celdas, etc., se considera suficiente para la continuidad eléctrica, su conexión por tornillos o soldadura. Igualmente las puertas de los compartimentos de alta tensión deberán unirse a la envolvente de forma apropiada.

Las piezas metálicas de las partes extraíbles que están normalmente puestas a tierra, deben mantenerse puestas a tierra mientras el aislamiento entre los contactos de un mismo polo no sea superior, tanto a frecuencia industrial como a onda de choque, al aislamiento a tierra o entre polos diferentes. Estas puestas a tierra deberán producirse automáticamente.

7.4. Elementos de la construcción

Los elementos metálicos de la construcción en edificaciones que alberguen instalaciones de alta tensión, deberán conectarse a tierra de acuerdo con las indicaciones siguientes.

En los edificios de estructura metálica, esta y los demás elementos metálicos, tales como puertas, ventanas, escaleras, barandillas, tapas y registros, etc., deberán ser conectados a tierra.

En los edificios destinados a instalaciones de tercera categoría construidos con materiales tales como hormigón armado o en masa, ladrillo o mampostería, las puertas, ventanas, escaleras, tapas y registros podrán no conectarse al circuito de tierra y dejarse aisladas del mismo, siempre que en el diseño de la instalación se adopten las medidas necesarias para evitar la puesta a tensión de estos elementos por causa de un defecto o avería. En los centros de transformación prefabricados según la norma UNE EN 62271 202 estas medidas serán garantizadas por el fabricante.

En centros de transformación subterráneos, dada la dificultad que presenta la separación eléctrica entre la escalera y su tapa de acceso, es necesario disponer ambos elementos en las mismas condiciones de puesta a tierra, bien aislados de la instalación de tierra general, o bien conectados a dicha instalación.

En cualquier caso, en los edificios de hormigón armado las armaduras deberán ser puestas a tierra.

7.5. Elementos metálicos que salen fuera de la instalación

Los elementos metálicos que salen fuera del recinto de la instalación, tales como raíles y tuberías, deben estar conectados a la instalación de tierra general en varios puntos si su extensión es grande.

Será necesario comprobar si estos elementos pueden transferir al exterior tensiones peligrosas, en cuyo caso deben adoptarse las medidas necesarias para evitarlo mediante juntas aislantes, u otras medidas, si fuera necesario.

7.6. Vallas y cercas metálicas

Para su puesta a tierra pueden adoptarse diversas soluciones en función de las dimensiones de la instalación y características del terreno:

a) Pueden ser incluidas dentro de la instalación de tierra general y ser conectadas a ellas.

b) Pueden situarse distantes de la instalación de tierra general y conectarse a una instalación de tierra separada o independiente.

c) Pueden situarse distantes de la instalación de tierra general y no necesitar instalación de tierra para mantener los valores fijados para las tensiones de paso y contacto.

7.7. Centros de transformación

7.7.1. Separación de la tierra de los neutros de baja tensión

Para evitar tensiones peligrosas provocadas por defectos en la red de alta tensión, los neutros de baja tensión de las líneas que salen fuera de la instalación general y la puesta a tierra de los transformadores de medida ubicados en cuadros de baja tensión para distribución, pueden conectarse a una tierra separada de la general del centro, que se denominará tierra de los neutros de baja tensión. El resto de elementos tales como los pararrayos, permanecerán conectados a la tierra general de la instalación.

7.7.2. Aislamiento entre las instalaciones de puesta a tierra

Cuando, de acuerdo con lo dicho en el apartado anterior, se conecten los elementos anteriores a una tierra separada de la general del centro, se cumplirán las siguientes prescripciones:

a) Las instalaciones de puesta a tierra deberán aislarse entre sí para la diferencia de tensiones que pueda aparecer entre ambas.

b) La línea de puesta a tierra que une los elementos conectados a la tierra separada y su punto de puesta a tierra han de quedar aislados dentro de la zona de influencia de la tierra general. Dicha conexión se realizará estableciendo los aislamientos necesarios.

c) Las instalaciones de baja tensión de los centros de transformación poseerán, con respecto a tierra, un aislamiento correspondiente a la tensión señalada en el párrafo a).

En el caso de que el aislamiento propio del equipo de baja tensión alcance este valor, todos los elementos conductores del mismo que deban ponerse a tierra, como canalizaciones, armazón de cuadros, carcasas de aparatos, etc., se conectarán a la tierra general del centro, uniéndose a la puesta a tierra separada solamente los neutros de baja tensión.

Cuando el equipo de baja tensión no presente el aislamiento indicado anteriormente, los elementos conductores del mismo que deban conectarse a tierra, como canalizaciones, armazón de cuadros, carcasas de aparatos, etc., deberán montarse sobre aisladores de un nivel de aislamiento correspondiente a la tensión señalada en el párrafo a). En este caso, dichos elementos conductores se conectarán a la puesta a tierra del neutro, teniendo entonces especial cuidado con las tensiones de contacto que puedan aparecer.

d) Las líneas de salida de baja tensión deberán aislarse dentro de la zona de influencia de la tierra general del centro teniendo en cuenta las tensiones señaladas en el párrafo a).

Cuando las líneas de salida sean en cable aislado con envolventes conductoras, deberá tenerse en cuenta la posible transferencia al exterior de tensiones a través de dichas envolventes.

7.7.3. Redes de baja tensión con neutro aislado

Cuando en la parte de baja tensión el neutro del transformador esté aislado o conectado a tierra por una impedancia de alto valor, se dispondrá limitador de tensión entre dicho neutro y tierra o entre una fase y tierra, si el neutro no es accesible.

7.7.4. Centros de transformación conectados a redes de cables subterráneos

En los centros de transformación alimentados en alta tensión por cables subterráneos provistos de envolventes conductoras unidas eléctricamente entre sí, se podrán conectar la puesta a tierra general y la de los neutros de baja tensión en los casos siguientes:

a) Cuando la alimentación en alta tensión forma parte de una red de cables subterráneos con envolventes conductoras, de suficiente conductividad.

b) Cuando la alimentación en alta tensión forma parte de una red mixta de líneas aéreas y cables subterráneos con envolventes conductoras, y en ella existen dos o más tramos de cable subterráneo con una longitud total mínima de 3 km con trazados diferentes y con una longitud cada uno de ellos de más de 1 km.

En las instalaciones conectadas a redes constituidas por cables subterráneos con envolventes conductoras de suficiente sección, se pueden utilizar como electrodos de puesta a tierra dichas envolventes, incluso sin la adición de otros electrodos de puesta a tierra.

8. MEDIDAS Y VIGILANCIA DE LAS INSTALACIONES DE PUESTA A TIERRA

8.1. Mediciones de las tensiones de paso y contacto aplicadas

El Director de Obra deberá verificar que las tensiones de paso y contacto aplicadas están dentro de los límites admitidos con un voltímetro de resistencia interna de 1000 Ω.

Los electrodos de medida para simulación de los pies deberán tener una superficie de 200 cm² cada uno y deberán ejercer sobre el suelo una fuerza mínima de 250 N cada uno.

Los equipos de medición deberán tener la opción de medir tensiones de paso y contacto aplicadas, tanto para el caso de que la persona esté calzada o descalza, mediante la inserción de las resistencias correspondientes en el circuito en cada caso.

Se emplearán fuentes de alimentación de potencia adecuada para simular el defecto, de forma que se evite que las medidas queden falseadas como consecuencia de corrientes vagabundas o parásitas circulantes por el terreno.

Consecuentemente, y a menos que se emplee un método de ensayo que elimine el efecto de dichas corrientes parásitas la intensidad inyectada no será inferior a 50 A para centrales y subestaciones y 5 A para centros de transformación. Se admitirán, no obstante, medidores de tensiones de paso y contacto que inyecten una corriente inferior, siempre que se demuestre mediante ensayos comparativos que disponen de filtros o sistemas especiales capaces de eliminar las tensiones de perturbación con el fin de lograr medidas con una fiabilidad y exactitud equivalente a la que se obtendría con una inyección de corriente elevada. En cualquier caso la incertidumbre asociada a las medidas será inferior al 20 por ciento.

Los cálculos para determinar las tensiones posibles máximas se harán suponiendo que existe proporcionalidad entre la corriente inyectada por el electrodo durante la medición, y la corriente drenada a tierra por el electrodo en caso de defecto.

Para instalaciones de tercera categoría que respondan a configuraciones tipo, como es el caso de la mayoría de los centros de transformación, el Órgano territorial competente podrá admitir que se omita la realización de las anteriores mediciones, sustituyéndolas por la correspondiente a la resistencia de puesta a tierra, si se ha establecido la correlación, sancionada por la práctica, en situaciones análogas, entre tensiones de paso y contacto y resistencia de puesta a tierra.

8.2. Vigilancia periódica

Las instalaciones de tierra serán comprobadas en el momento de su establecimiento y revisadas por empresas instaladoras o por empresas de producción, transporte y distribución de energía eléctrica en caso de que se trate de instalaciones de su titularidad, al menos, una vez cada tres años a fin de comprobar el estado de las mismas. Esta verificación consistirá en una inspección visual y en la medida de la resistencia de puesta a tierra.

En aquellos casos en los que cambie sustancialmente la resistividad superficial del terreno, disminuyendo su valor, por ejemplo por ajardinamiento de la instalación, será necesario repetir las medidas de las tensiones de paso y contacto.

14

Instrucción Técnica Complementaria
ITC-RAT 14

INSTALACIONES ELÉCTRICAS
DE INTERIOR

incluye Guía Interpretativa para el subapartado 4.4.4. del apartado 4.4 Ventilación[1]

---

[1] El texto de esta **Guía Interpretativa** para el sub**apartado 4.4.4.** del apartado **4.4 Ventilación.** aparece en un recuadro para diferenciarlo del Texto Reglamentario de la Instrucción Técnica Complementaria ITC-RAT-07.

Índice

1. GENERALIDADES

Esta instrucción tiene como objeto establecer los requisitos que deben cumplir las instalaciones de alta tensión previstas para funcionar en el interior de un edificio o recinto que las proteja contra la intemperie.

2. ÁMBITO DE APLICACIÓN

Esta ITC es aplicable a las instalaciones eléctricas de alta tensión situadas en:

a) Edificios o envolventes prefabricadas o de obra civil, construidos para alojar las instalaciones eléctricas, que se maniobran desde su interior y que son independientes de cualquier local o edificio destinado a otros usos, aunque puedan tener paredes colindantes con ellos.

b) Edificios o envolventes prefabricadas o de obra civil, construidos para alojar las instalaciones eléctricas, que se maniobran desde su exterior y que son independientes de cualquier local o edificio destinado a otros usos, aunque puedan tener paredes colindantes con ellos. Estos edificios o envolventes estarán destinados a alojar centros de transformación completos, solo el transformador de distribución con o sin su cuadro de baja tensión o únicamente la aparamenta de alta tensión.

c) Locales o recintos previstos para alojar en su interior estas instalaciones, situados en el interior de edificios destinados a otros usos.

d) Subestaciones móviles protegidas contra la intemperie por su propia envolvente o por el edificio en la que se ubican.

3. CONDICIONES GENERALES PARA LOS LOCALES Y EDIFICIOS

3.1. Condiciones de acceso y paso

3.1.1. Los edificios o locales destinados a alojar en su interior instalaciones de alta tensión deberán disponerse de forma que queden cerrados para impedir el acceso de las personas ajenas al servicio.

3.1.2. El local destinado a albergar la instalación eléctrica, salvo que sea un centro de transformación de maniobra exterior, tendrá entradas diferentes para personal y equipos. Estas entradas serán independientes de las de acceso a otros locales. Cuando existan puertas destinadas al paso de equipos o piezas de grandes dimensiones, la puerta para la entrada y salida de personal podrá ser un postigo que forme parte de aquella.

3.1.3 Las puertas de acceso al recinto en que estén situados los equipos de alta tensión y se usen para el paso del personal de servicio o para permitir su maniobra, serán en general abatibles y abrirán siempre hacia el exterior del recinto. Las puertas tendrán un sistema de retención de forma que puedan quedar abiertas mientras exista en el interior personal de servicio. Cuando estas puertas abran sobre caminos públicos, deberán poder abatirse sobre el muro exterior de fachadas.

En las instalaciones en que se deba trabajar con las puertas cerradas, estas deben disponer de un sistema que permita franquearlas fácilmente desde el interior y que dificulte el acceso desde el exterior al personal ajeno al servicio.

3.1.4. Las puertas o salidas de los recintos donde existan instalaciones de alta tensión se dispondrán de tal forma que su acceso sea lo más corto y directo posible. Si las características geométricas de dicho recinto lo hacen necesario, se dispondrá de más de una puerta de salida. Para salidas de emergencia se admite el uso de barras de deslizamiento, escaleras de pates y otros sistemas similares, siempre que su instalación sea de tipo fijo.

En los centros de transformación sin personal permanente para su servicio de maniobra no será necesario disponer de más de una puerta de salida.

3.1.5. El acceso a los locales subterráneos se realizará por medio de una escalera de peldaños normales con pasamanos. En casos justificados, el acceso a dichos locales podrá realizarse por medio de una trampilla y por escaleras fijas cuyos peldaños puedan estar situados en un plano vertical, entre los cuales la máxima separación será de 25 cm. Para acceder al interior de centros de transformación subterráneos se utilizarán escaleras de peldaños normales con pasamanos, no obstante para el caso de centros de transformación subterráneos con maniobra exterior se podrán utilizar escaleras verticales fijas.

3.1.6. Todos los lugares de paso tales como salas, pasillos, escaleras, rampas, salidas, etc., deben ser de dimensiones y trazado adecuados y correctamente señalizados. Deben estar dispuestos de forma que su tránsito sea cómodo, seguro y no se vea impedido por la apertura de puertas o ventanas o por la presencia de objetos que puedan suponer riesgos o que dificulten la salida en casos de emergencia.

3.1.7. En las proximidades de elementos con tensión o de máquinas en movimiento no protegidas se prohíbe el uso de pavimentos deslizantes.

3.1.8. No obstante lo prescrito anteriormente, se podrán utilizar escaleras fijas verticales o de gran pendiente para realizar operaciones de engrase, revisión u otros usos especiales.

3.1.9. Cuando en la instalación de alta tensión se trabaje con las puertas de acceso abiertas se tomarán medidas preventivas que impidan el acceso inadvertido a las personas ajenas al servicio. Cuando los accesos existentes en el pavimento, destinados a escaleras, pozos o similares estén abiertos, deberán disponerse protecciones perimetrales señalizadas para evitar accidentes.

3.1.10. El acceso a las máquinas y aparatos principales deberá ser fácil y permitirá colocarlos y retirarlos sin entorpecimiento, exigiéndose la existencia de dispositivos instalados o rápidamente instalables que, en el caso de aparatos pesados, permitan su desplazamiento para su revisión, reparación o sustitución.

3.2. Conducciones y almacenamiento de agua

Las conducciones y depósitos de almacenamiento de agua se instalarán suficientemente alejados de los elementos en tensión y de tal forma que su rotura no pueda provocar averías en las instalaciones eléctricas. La distancia mínima se justificará en el proyecto. A estos efectos, se recomienda disponer las conducciones principales de agua en un plano inferior a las canalizaciones de energía eléctrica, especialmente cuando estas se construyan a base de conductores desnudos.

Quedan exentas de cumplir estos requisitos las instalaciones necesarias para los sistemas de extinción de incendio de la propia instalación eléctrica.

Queda prohibida la instalación de conducciones de agua, calefacción, vapor, en el interior del recinto de los centros de transformación de tercera categoría, aunque dichas tuberías estuvieran encerradas en cajoneras o falsos techos.

3.3. Conducciones y almacenamiento de otros fluidos

3.3.1. Las conducciones de fluidos combustibles, tóxicos, o corrosivos, cuyas posibles averías puedan originar escapes que, por sus características, puedan dar lugar a la formación de atmósferas con riesgo de incendio o explosión, tóxicas o corrosivas, cumplirán los Reglamentos específicos que les sean de aplicación, deberán estar alejadas de las canalizaciones eléctricas de alta tensión, prohibiéndose terminantemente la colocación de ambas en una misma atarjea o galería de servicio.

3.3.2. El almacenamiento de fluidos combustibles, tóxicos o corrosivos, se situará en recintos habilitados a tal efecto que deberán cumplir las disposiciones vigentes que puedan afectarles. Estos recintos estarán separados de los equipos eléctricos a los que se refiere este reglamento.

3.4. Alcantarillado

La red general de alcantarillado cuya proyección interfiera con las instalaciones eléctricas deberá estar situada en un plano inferior al de las instalaciones eléctricas subterráneas. Si por causas especiales fuera necesario disponer en un plano inferior alguna parte de la instalación eléctrica, se adoptarán las disposiciones adecuadas para proteger a esta de las consecuencias de cualquier posible filtración.

3.5. Canalizaciones eléctricas

Para las canalizaciones eléctricas se aplicará lo establecido en el apartado 5 de la ITC-RAT 05.

3.6. Equipos de comunicaciones

Los equipos de comunicaciones y auxiliares, que estén ubicados dentro de la instalación para dar servicio a la propia red o a terceros, cumplirán los requisitos que le sean aplicables.

4. CONDICIONES GENERALES PARA LAS INSTALACIONES

4.1. Cuadros y pupitres de control

Los cuadros y pupitres de control de las instalaciones de alta tensión estarán situados en lugares de amplitud e iluminación adecuados, y cumplirán lo especificado en la ITC-RAT 10.

4.2. Celdas de alta tensión

4.2.1. Cuando se utilicen celdas prefabricadas, estas cumplirán con los requisitos establecidos en la ITC 16,17 o 18, que les sea aplicable en función de la tensión de servicio y naturaleza de la envolvente.

4.2.2. Cuando en instalaciones de alta tensión se utilicen dos o más equipos ubicados en celdas de tipo abierto que contengan aceite u otro dieléctrico inflamable con capacidad superior a 50 litros, se establecerán tabiques de separación entre equipos adyacentes que contengan fluido inflamable, a fin de cortar en lo posible los efectos de la propagación de una explosión y la proyección de líquido inflamable a otros equipos. Para los tabiques de separación entre transformadores de potencia se aplicará lo establecido en el apartado 5.1.d.

4.2.3. Estos tabiques de separación deberán ser de un material con una clase de reacción al fuego A1, según la clasificación europea de los productos para la construcción, y mecánicamente resistentes. Cuando tengan que servir de apoyo a los aparatos presentarán la debida solidez.

4.2.4. Los interruptores de aceite o de otros dieléctricos inflamables, sean o no automáticos, cuya maniobra se efectúe localmente, dispondrán de envolventes o tabiques de material incombustible con una clase de reacción al fuego A1, según la clasificación europea de los productos para la construcción, y mecánicamente resistentes con objeto de proteger al operario, contra los efectos de una posible proyección de líquido o explosión en el momento de la maniobra.

4.3. Condiciones particulares para centros de transformación

4.3.1. Centros de transformación con maniobra desde el exterior

4.3.1.1. Durante las operaciones de mantenimiento deberá existir una zona libre que se delimitará y señalizará de forma que se evite el acceso a personas ajenas a la instalación, y sus dimensiones deberán ser como mínimo las indicadas en el apartado 6.1 para pasillos de servicio.

4.3.2. Conjuntos prefabricados para centros de transformación y centros de transformación prefabricados

4.3.2.1. Los conjuntos prefabricados para centros de transformación cumplirán la norma UNE-EN 50532. Podrán instalarse en el interior de un edificio o recinto destinado a centros de transformación, o podrán suministrarse con una envolvente formando un centro de transformación prefabricado.

4.3.2.2. Los centros de transformación prefabricados cumplirán con la norma UNE-EN62271-202. En centros de transformación subterráneos instalados en ubicaciones donde se puedan estacionar o circular vehículos la cubierta deberá soportar como mínimo una carga de 50 kN en una superficie de 600 cm^2.

4.3.2.3. Los componentes de un conjunto prefabricado para un centro de transformación, cumplirán el ensayo de calentamiento de sus correspondientes normas funcionando simultáneamente a sus intensidades asignadas.

4.3.2.4. Tanto en los conjuntos prefabricados para centros de transformación como en los centros de transformación prefabricados se preverán los elementos de seguridad suficientes que eviten la explosión de la envolvente en caso de defecto interno y se elegirán las direcciones de escape en su caso de los fluidos (gases, líquidos, etc.), para evitar posibles daños a las personas.

El fabricante deberá informar de las características de su producto en los catálogos e información técnica facilitada a los proyectistas y/o usuarios finales en cuanto a la intensidad de cortocircuito soportada y su duración en caso de arco interno.

Por su parte el proyectista o propietario de la instalación deberá comprobar que las potencias de cortocircuito en el lugar de la instalación y los tiempos de actuación de las protecciones son compatibles con las intensidades de defecto interno y duración que pueden soportar los equipos de acuerdo con la información facilitada por el fabricante.

4.3.2.5. Para que un conjunto prefabricado pueda ser montado en el exterior deberá haber superado previamente los ensayos de protección contra la intemperie que se indican en la norma UNE-EN 62271-1.

4.3.2.6. En los conjuntos prefabricados independientemente de su ubicación, el calentamiento máximo admisible de las partes accesibles en las zonas de maniobra respecto a la temperatura ambiente será de 40 K.

4.3.2.7. En los centros de transformación prefabricados las envolventes que tengan partes accesibles a personas ajenas al servicio, alcanzarán como máximo un calentamiento de 30 K, respecto a la temperatura ambiente.

4.3.3. Cuadros de distribución para BT en centros de transformación de distribución pública

4.3.3.1. Los cuadros deberán cumplir los requisitos funcionales y los ensayos especificados en la norma UNE-EN 60439-5, salvo lo indicado en los apartados siguientes.

4.3.3.2. Los cuadros de distribución para BT en los centros de transformación de distribución pública dispondrán como mínimo de un embarrado de dimensiones y espesores adecuados con la aparamenta de maniobra y protección necesaria. Cuando esta protección esté constituida por bases tripolares verticales cerradas seccionables de corte unipolar con fusibles no será necesario utilizar un seccionamiento general. Las bases tripolares verticales cerradas deberán cumplir asimismo las especificaciones y ensayos recogidos en la normas UNE-EN 60947-1 y UNE-EN 60947-3.

4.3.3.3. Los cuadros tendrán como mínimo un grado de protección de IP 2X según UNE 20324 y de IK 08 según UNE-EN 50102.

4.3.3.4. Los cuadros deberán incorporar una toma de puesta a tierra para el neutro y, cuando dispongan de envolvente metálica, deberán incorporar además otra toma para la puesta a tierra de la envolvente.

4.3.3.5. El nivel de aislamiento de los cuadros de BT será el necesario para soportar la diferencia de tensiones que puede aparecer en caso de defecto entre la tierra general del centro y la del neutro del transformador, y será como mínimo de 10 kV (valor eficaz) a tensión soportada nominal de corta duración a frecuencia industrial y de 20 kV (valor de cresta) a la tensión soportada a impulsos tipo rayo.

4.3.3.6. Los cuadros dispondrán de una placa de características en la que se indicará de forma indeleble las características establecidas en la norma UNE-EN 60439-5.

4.4. Ventilación

4.4.1. Para conseguir una buena ventilación en las instalaciones con el fin de evitar calentamientos excesivos, se dispondrán entradas y salidas de aire adecuadas, en el caso en que se emplee ventilación natural.

La ventilación podrá ser forzada, en cuyo caso la disposición de los conductos será la más conveniente según el diseño de la instalación eléctrica, y dispondrán de dispositivos de parada automática para su actuación en caso de incendio.

En centros de transformación la ventilación podrá ser directa al exterior, o cuando lo permita la reglamentación específica que afecte a la compartimentación, indirecta a través de un local con ventilación al exterior.

4.4.2. Los huecos destinados a la ventilación deben estar protegidos de forma tal que impidan el paso de pequeños animales, cuando su presencia pueda ser causa de averías o accidentes y estarán dispuestos o protegidos de forma que en el caso de ser directamente accesibles desde el exterior, no puedan dar lugar a contactos inadvertidos al introducir por ellos objetos metálicos. Deberán tener la forma adecuada o disponer de las protecciones precisas para impedir la entrada del agua de lluvia.

4.4.3. En los centros de transformación situados en edificios de otros usos el conducto de ventilación tendrá su boca de salida de forma que el aire expulsado no moleste a los demás usuarios del edificio.

Los conductos de ventilación deberán respetar los sectores de incendio del edificio, que establecen según el tipo de edificio en esta ITC-RAT 14 y en el Código Técnico de la edificación.

4.4.4. (TEXTO REGLAMENTARIO)
En el diseño de los edificios se estudiará la forma de evitar que escapes de gas SF6, que es más pesado que el aire, pueda acumularse en zonas bajas. Se evitará que el gas escapado pueda salir a los alcantarillados de servicio público.

En los locales con instalaciones aisladas por SF6 y situados por encima del suelo generalmente es suficiente una ventilación natural que pase a través del local. Para el diseño de la ventilación natural, aproximadamente la mitad de las aberturas de ventilación, vistas en un plano de sección, deben estar situadas cerca del suelo. En caso de que las aberturas no puedan disponerse cerca del suelo será necesaria una ventilación forzada.

Los locales con instalaciones aisladas con SF6 y situadas por debajo del suelo deben tener ventilación forzada si la cantidad de gas que pueda acumularse puede llegar a poner en riesgo la salud y seguridad de las personas. La ventilación forzada puede omitirse siempre que el volumen del gas del compartimento de gas más grande no exceda, a presión atmosférica, el 10 por ciento del volumen de la habitación. A efectos del cálculo del volumen total de gas SF6 a la temperatura y presión normales, debe tenerse en cuenta el volumen de gas de las botellas de SF6 en caso de que estén conectadas permanentemente para la recarga automática del compartimento.

(GUÍA INTERPRETATIVA)

Los locales con instalaciones aisladas en SF6 situadas bajo el suelo requieren ventilación forzada si la cantidad de gas que puede acumularse puede llegar a ser peligrosa para las personas. En concreto, si el volumen de gas del compartimento de gas más grande no excede, a presión atmosférica, del 10% del volumen de la habituación no será necesaria una ventilación forzada. Para calcular este volumen se debe multiplicar el volumen del compartimento mayor por la relación de presiones (presión absoluta interna en el compartimento entre presión atmosférica), para así tener en cuenta la expansión del gas a temperatura constante en caso de fuga de gas en uno de los compartimentos. Para estar del lado de la seguridad se hará el cálculo suponiendo que el compartimento que fuga es el que tiene mayor volumen de gas.

Las zonas bajas, por debajo de las instalaciones aisladas con SF6 y muy próximas a ellas, pueden acumular escapes de este gas, independientemente de que la instalación de alta tensión se encuentre por encima o por debajo de la cota cero. Ejemplo de estas zonas son locales que albergan bombas, fosos y grandes arquetas visitables. Para evitar la acumulación del gas puede ser necesario disponer en estas zonas de ventilación forzada, aunque esta ventilación no será necesaria cuando el volumen del gas del compartimento de gas más grande no exceda, a presión atmosférica, el 10 por ciento del volumen de estas zonas.

En instalaciones que se encuentren a cota cero o por encima de dicha cota, como por ejemplo los centros de transformación prefabricados o ubicados en edificios de otros usos, las condiciones de ventilación son más favorables que en las instalaciones subterráneas por lo que casi nunca es necesaria la ventilación forzada. En todo caso, si se cumple la misma regla anterior, es decir, si el volumen de gas del compartimento de gas más grande no excede, a presión atmosférica, del 10% del volumen de la habituación no será necesaria la ventilación forzada, ya que volúmenes inferiores al 10% no resultan peligrosos para la seguridad y salud de las personas.

Otro caso singular de instalaciones que se pueden encontrar en cota cero o por encima de dicha cota lo constituyen los centros de seccionamiento y de reparto, que son instalaciones de alta tensión de tercera categoría con aparamenta de maniobra, pero que no incluyen transformador de distribución. En este tipo de centros requiere de una ventilación mínima, ya que no existen pérdidas de potencia apreciables al no existir transformador de distribución, por lo que no son necesarias rejillas de ventilación, siendo generalmente suficiente la ventilación por conducción o a través del cerramiento del centro. A estos centros de seccionamiento o reparto, que contengan equipos con SF6 les resulta también de aplicación la mencionada regla del 10% de volumen de gas para evitar la necesidad de una ventilación forzada. Si esa condición de volumen no se cumple, deberá dotarse al local de ventilación natural o forzada independiente de su situación, por encima del suelo o por debajo de él.

4.5. Paso de líneas y canalizaciones eléctricas a través de paredes, muros y tabiques de construcción

4.5.1. Las entradas de las líneas eléctricas aéreas al interior de los edificios que alojan las instalaciones eléctricas de interior se realizarán a través de aisladores pasantes dispuestos de modo que eviten la entrada de agua, o bien utilizando conductores provistos de recubrimientos aislantes.

4.5.2. Las conexiones de alta tensión a través de muros o tabiques en el interior de edificios únicamente podrán hacerse por orificios de las dimensiones necesarias para mantener las distancias a masa, bien por medio de aisladores pasantes, o bien utilizando conductores provistos de recubrimientos aislantes.

4.5.3. En el caso en que se usen conductores desnudos, será obligatorio establecer un paso franco para la posible intensidad de defecto desde el dispositivo de apoyo en el muro al sistema de tierras de protección.

4.6. Señalizaciones e instrucciones

Toda instalación eléctrica debe estar correctamente señalizada y deben disponerse las advertencias e instrucciones necesarias de modo que se impidan los errores de interpretación, maniobras incorrectas y contactos accidentales con los elementos en tensión, o cualquier otro tipo de accidente. A este fin se tendrán en cuenta:

a) Todas las puertas que den acceso a los recintos en que se hallan aparatos de alta tensión, estarán provistas de la señal normalizada de riesgo eléctrico.

b) Todas las máquinas y aparatos principales, celdas, paneles de cuadros y circuitos, deben estar diferenciados entre sí con marcas claramente establecidas, señalizados mediante rótulos de dimensiones y estructura apropiadas para su fácil lectura y comprensión. Particularmente deben estar claramente señalizados todos los elementos de accionamiento de los aparatos de maniobra y los propios aparatos, incluyendo la identificación de las posiciones de apertura y cierre, salvo en el caso en que su identificación se pueda hacer claramente a simple vista.

c) Deben colocarse carteles de advertencia de peligro en todos los puntos que por las características de la instalación o su equipo lo requieran.

d) En zonas donde se prevea el transporte de máquinas o aparatos durante los trabajos de mantenimiento o montaje se colocarán letreros indicadores de gálibos y cargas máximas admisibles.

e) En los locales principales, y especialmente en los puestos de mando y oficinas de jefes o encargados de las instalaciones, existirán esquemas de dichas instalaciones, al menos unifilares, e instrucciones generales de servicio.

f) Las señales, placas y advertencias deben estar hechas de material duradero e insensible a la corrosión e impresas con caracteres indelebles.

4.7. Limitación de los campos magnéticos en la proximidad de instalaciones de alta tensión

En el diseño de las instalaciones de alta tensión se adoptarán las medidas adecuadas para minimizar, en el exterior de las instalaciones de alta tensión, los campos electromagnéticos creados por la circulación de corriente a 50 Hz en los diferentes elementos de las instalaciones, especialmente cuando dichas instalaciones de Alta Tensión se encuentren ubicadas en el interior de edificios de otros usos.

La comprobación de que no se supera el valor establecido en el Real Decreto 1066/2001, de 28 de septiembre, por el que se aprueba el reglamento que establece condiciones de protección del dominio público radioeléctrico, restricciones a las emisiones radioeléctricas y medidas de protección sanitaria frente a emisiones radioeléctricas, se realizará mediante los cálculos para el diseño correspondiente, antes de la puesta en marcha de las instalaciones que se ejecuten siguiendo el citado diseño y en sus posteriores modificaciones cuando estas pudieran hacer aumentar el valor del campo magnético. Dichas comprobaciones se harán constar en el proyecto técnico previsto en la ITC-RAT 20. Podrán utilizarse los cálculos y comprobaciones recogidos en un proyecto tipo, siempre que la instalación proyectada se ajuste a las condiciones técnicas de cálculo previstas en el proyecto tipo.

Cuando los centros de transformación se encuentran ubicados en edificios habitables o anexos a los mismos, se deberán observar las siguientes condiciones de diseño:

a) Las entradas y salidas al centro de transformación de la red de alta tensión se efectuarán por el suelo y adoptarán preferentemente la disposición en triángulo y formando ternas, o en atención a las circunstancias particulares del caso, aquella que el proyectista justifique que minimiza la generación de campos magnéticos.

b) La red de baja tensión se diseñará con el criterio anterior.

c) Se procurará que las interconexiones sean lo más cortas posibles y se diseñarán evitando paredes y techos colindantes con viviendas.

d) No se ubicarán cuadros de baja tensión sobre paredes medianeras con locales habitables y se procurará que el lado de conexión de baja tensión del transformador quede lo más alejado lo más posible de estos locales.

e) En el caso que por razones constructivas no se pudieran cumplir alguno de estos condicionantes de diseño, se adoptarán medidas adicionales para minimizar dichos valores.

Con objeto de verificar que en la proximidad de las instalaciones de alta tensión no se sobrepasan los límites máximos admisibles, la Administración pública competente podrá requerir al titular de la instalación que se realicen las medidas de campos magnéticos por organismos de control habilitados o laboratorios acreditados en medidas magnéticas. Las medidas deben realizarse en condiciones de funcionamiento con carga, y referirse al caso más desfavorable, es decir, a los valores máximos previstos de corriente.

4.8. Limitación del nivel de ruido emitido por instalaciones de alta tensión

Con objeto de limitar el ruido originado por las instalaciones de alta tensión, éstas se dimensionarán y diseñarán de forma que los índices de ruido medidos en el exterior de las instalaciones se ajusten a los niveles de calidad acústica establecidos en el Real Decreto 1367/2007, de 19 de octubre, por el que se desarrolla la Ley 37/2003, de 17 de noviembre, del Ruido, en lo referente a zonificación acústica, objetivos de calidad y emisiones acústicas.

Cuando el recinto donde se ubica la instalación de alta tensión se encuentre dentro de edificios de viviendas y no se pueda demostrar el cumplimiento de los límites mediante cálculos, se adoptarán medidas adicionales para cumplir dichos niveles.

Con objeto de verificar que en la proximidad de las instalaciones de alta tensión no se sobrepasan los límites máximos admisibles, la Administración pública competente podrá realizar, por control estadístico o a petición de parte interesada, inspecciones con sus propios medios o delegar dichas mediciones en organismos de control habilitados o laboratorios acreditados en medidas de ruido.

5. OTRAS PRESCRIPCIONES

5.1. Sistemas contra incendios

Para la determinación de las protecciones contra incendios a que puedan dar lugar las instalaciones eléctricas de alta tensión, además de otras disposiciones específicas en vigor, se tendrán en cuenta:

a) La posibilidad de propagación del incendio a otras partes de la instalación.

b) La posibilidad de propagación del incendio al exterior de la instalación, por lo que respecta a daños a terceros.

c) La presencia o ausencia de personal de servicio permanente en la instalación.

d) La naturaleza y resistencia al fuego de la estructura soporte del edificio y de sus cubiertas.

e) La disponibilidad de medios públicos de lucha contra incendios.

Para los edificios contemplados en el párrafo a) del apartado 2 de esta Instrucción, destinados a albergar instalaciones de categoría especial, 1.ª y 2.ª categoría, se aplicarán las disposiciones reguladoras de la protección contra el incendio en los establecimientos industriales, y para los del párrafo c) las del Código Técnico de la Edificación, en lo que respecta a las características de los materiales de construcción, resistencia al fuego de las estructuras, compartimentación, evacuación y, en particular, sobre aquellos aspectos que no hayan sido recogidos en este Reglamento y afecten a la edificación.

Además y con carácter general se adoptarán las medidas siguientes:

a) Instalación de dispositivos de recogida del líquido dieléctrico en fosos colectores.

Si se utilizan aparatos o transformadores que contengan más de 50 litros de dieléctrico líquido, se dispondrá de un foso de recogida del líquido con revestimiento resistente y estanco, para el volumen total de líquido dieléctrico del aparato o transformador. En dicho depósito o cubeta se dispondrán cortafuegos tales como: lechos de guijarros, sifones en el caso de instalaciones con colector único, etc. Cuando se utilicen pozos centralizados, se dimensionarán para recoger la totalidad del líquido dieléctrico del equipo con mayor capacidad.

Cuando se utilicen dieléctricos líquidos con punto de combustión igual o superior a 300° C será suficiente con un sistema de recogida de posibles derrames, que impida su salida al exterior.

b) Sistemas de extinción.

b.1) Extintores móviles. Se colocará como mínimo un extintor de eficacia mínima 89B, en aquellas instalaciones en las que no sea obligatoria la disposición de un sistema fijo, de acuerdo con los niveles que se establecen en b.2). Este extintor deberá colocarse siempre que sea posible en el exterior de la instalación para facilitar su accesibilidad y, en cualquier caso, a una distancia no superior a 15 metros de la misma. En caso de instalaciones ubicadas en edificios destinados a otros usos la eficacia será como mínimo 21A-113B.

Si existe un personal itinerante de mantenimiento con la misión de vigilancia y control de varias instalaciones que no dispongan de personal fijo, este personal itinerante deberá llevar, como mínimo, en sus vehículos dos extintores de eficacia mínima 89B, no siendo preciso en este caso la existencia de extintores en los recintos que estén bajo su vigilancia y control.

b.2) Sistemas fijos. En aquellas instalaciones con transformadores cuyo dieléctrico sea inflamable o combustible de punto de combustión inferior a 300ºC y potencia instalada de cada transformador mayor de 1000 kVA en cualquiera o mayor de 4000 kVA en el conjunto de transformadores, deberá disponerse un sistema fijo de extinción automático adecuado para este tipo de instalaciones. Asimismo en aquellas instalaciones con otros equipos cuyo dieléctrico sea inflamable o combustible de punto de combustión inferior a 300ºC y con volumen de aceite en cada equipo mayor de 600 litros o mayor de 2400 litros en el conjunto de aparatos también deberá disponerse un sistema fijo de extinción automático adecuado para este tipo de instalaciones. Se dispondrá de un sistema de alarma que prevenga al personal de la actuación del sistema contra incendios, provisto de un tiempo de retardo suficiente para poder evacuar el recinto.

Si la instalación de alta tensión está integrada en un edificio de uso de pública concurrencia y tiene acceso desde el interior del edificio dichas potencias se reducirán a 630 kVA y 2520 kVA y los volúmenes a 400 litros y 1600 litros respectivamente. La actuación de estos sistemas fijos de extinción de incendios será solamente obligatoria en los compartimentos en los que existan aparatos con dieléctrico inflamable o combustible.

Si los transformadores o equipos utilizan un dieléctrico de punto de combustión igual o superior a 300ºC podrán omitirse las anteriores disposiciones, pero deberán instalarse de forma que el calor generado no suponga riesgo de incendio para los materiales próximos.

Las instalaciones fijas de extinción de incendios podrán estar integradas en el conjunto general de protección del edificio. Deberá existir un plano detallado de dicho sistema, así como instrucción de funcionamiento, pruebas y mantenimiento.

En el proyecto de la instalación se recogerán los criterios y medidas adoptadas para alcanzar la seguridad contra incendios exigida.

c) Resistencia al fuego de la envolvente. Las instalaciones eléctricas ubicadas en el interior de locales o recintos situados en el interior de edificios destinados a otros usos constituirán un sector de incendios independiente.

d) Pantallas y sectores de incendios. En todas las instalaciones, cuando se instalen juntos varios transformadores, y a fin de evitar el deterioro de uno de ellos por la proyección de aceite al averiarse otro próximo, se instalará una pantalla entre ambos de las dimensiones y resistencia mecánica apropiadas.

El proyecto de diseño de las instalaciones de interior de categoría especial, 1.ª y 2.ª categoría ubicadas en el interior de un casco urbano definirá los sectores de incendios necesarios para limitar la propagación del incendio. La sectorización definida en el proyecto tendrá como mínimo los siguientes sectores de incendio independientes:

1) Para cada transformador de potencia.

2) Para todas las celdas del mismo nivel de tensión.

3) Para la galería de cables en su punto de acceso a la subestación. El foso de cables situado debajo de la sala de celdas podrá ser el mismo sector de incendios que la sala de celdas.

4) Para la sala de equipos (condensadores, baterías de acumuladores y servicios auxiliares, etc.).

La resistencia al fuego de cada sector será al menos de 90 minutos, excepto para los sectores de transformadores y galerías de cables que será al menos de 120 minutos.

En el caso de modificaciones de instalaciones existentes se tratará de cumplir estos requisitos en la medida de lo posible teniendo en cuenta las limitaciones físicas y de espacio de la instalación existente.

5.2. Alumbrados especiales de emergencia

En las instalaciones que tengan personal permanente para su servicio de maniobra, así como en aquellas otras que por su importancia lo requieran deberán disponerse los medios propios de alumbrados especiales de emergencia de acuerdo con el Reglamento Electrotécnico para Baja Tensión.

5.3. Elementos y dispositivos para maniobra

Para la realización de las maniobras en las instalaciones eléctricas de alta tensión y de acuerdo con sus características, se utilizarán los elementos que sean necesarios para la seguridad del personal. Todos estos elementos deberán estar siempre en perfecto estado de uso, lo que se comprobará periódicamente.

5.4. Instrucciones y elementos para prestación de primeros auxilios

En todas las instalaciones se colocarán placas con instrucciones sobre los primeros auxilios que deben prestarse a los accidentados por contactos con elementos en tensión.

En toda instalación que requiera servicio permanente de personal, se dispondrá de los elementos indispensables para practicar los primeros auxilios en casos de accidente, tales como botiquín de urgencia, camilla, mantas ignífugas, etc., e instrucciones para su uso.

5.5. Almacenamiento de materiales

Los locales o recintos que albergan la instalación eléctrica no podrán usarse como lugar de almacenamiento de materiales. Los materiales de reposición necesarios se dispondrán en un recinto o local habilitado a tal fin.

6. PASILLOS Y ZONAS DE PROTECCIÓN

6.1. Pasillos de servicio

6.1.1. La anchura de los pasillos de servicio tiene que ser suficiente para permitir la fácil maniobra e inspección de las instalaciones, así como el libre movimiento por los mismos de las personas y el transporte de los aparatos en las operaciones de montaje o revisión de los mismos.

Esta anchura no será inferior a la que a continuación se indica según los casos:

a) Pasillos de maniobra con elementos en alta tensión a un solo lado 1,0 m.

b) Pasillos de maniobra con elementos en alta tensión a ambos lados 1,2 m.

c) Pasillos de inspección con elementos en alta tensión a un solo lado 0,8 m.

d) Pasillos de inspección con elementos en alta tensión a ambos lados 1,0 m.

En cualquier otro caso, la anchura de los pasillos de maniobra no será inferior a 1,0 m, y la de los pasillos de inspección a 0,8 m.

Los anteriores valores deberán ser totalmente libres, es decir, medidos entre las partes salientes que pudieran existir, tales como mando amovibles de aparatos, barandillas, etc. El ancho libre del pasillo será al menos de 0,5 m cuando las partes móviles o las puertas abiertas de los equipos, interfieran en la ruta hacia la salida.

6.1.2. Los elementos en tensión no protegidos que se encuentren sobre los pasillos, deberán estar a una altura mínima h sobre el suelo, medida en centímetros, igual a 250 + d. El valor de la distancia d es la distancia mínima de aislamiento fase-tierra para instalaciones de interior, expresada en cm, según la tabla siguiente:

Tabla 1

Tensión nominal de la instalación kV (U_r)	≤ 20	30	45	66	110	132	220	400
d (en centímetros)	22	32	48	63	110	130	210	340

6.1.3. En las zonas de transporte de aparatos deberá mantenerse una distancia, entre los elementos en tensión y el punto más próximo del aparato en traslado, no inferior a d, con un mínimo de 40 centímetros.

6.1.4. En cualquier caso, estos pasillos deberán estar libres de todo obstáculo hasta una altura de 230 cm.

A estos efectos no se considerarán pasillos los sótanos de cables o servicio. Cuando se trate de sótanos de cables la altura mínima de los mismos deberá ser tal que se respete la curvatura máxima admisible de los cables, y permita labores de instalación y mantenimiento.

6.2. Zonas de protección contra contactos accidentales

Este apartado es aplicable a celdas abiertas no prefabricadas.

6.2.1. Las celdas abiertas de las instalaciones interiores deben protegerse mediante pantallas macizas, enrejados, barreras, bornas aisladas, etc., que impidan el contacto accidental de las personas que circulan por el pasillo con los elementos en tensión de las celdas.

Entre los elementos en tensión y dichas protecciones deberán existir, como mínimo, las distancias que a continuación se indican en función del tipo de la protección, medidas en horizontal y expresadas en centímetros (*véanse* Figuras 1 y 2).

1.º De los elementos en tensión a pantallas o tabiques macizos de material no conductor:

$$A = d$$

2º. De los elementos en tensión a pantallas o tabiques macizos de material conductor:

$$B = d + 3$$

3.º De los elementos en tensión a pantallas de enrejados:

$$C = d + 10$$

4.º De los elementos en tensión a barreras (barandillas, listones, cadenas, etc.):

$$E = d + 20, \text{ con un mínimo de 125 cm.}$$

siendo *d* el valor indicado en la Tabla 1 del Apartado 6.1.2 de esta Instrucción.

6.2.2 Para la aplicación de los anteriores valores es preciso tener en cuenta lo siguiente:

a) Las pantallas, los tabiques macizos y los enrejados, deberán disponerse de modo que su borde superior esté a una altura mínima de 180 cm sobre el suelo del pasillo. Podrán realizarse de forma que dicho borde superior esté a una altura mínima de 100 cm, pero, si no alcanza los 180 cm, se aplicarán las distancias correspondientes a las barreras indicadas en 6.2.1. El borde inferior deberá estar a una altura máxima sobre el suelo de 40 cm. En el caso de utilizarse el enrejado este proporcionará un grado de protección mínimo de IP1X según la norma UNE 20324.

b) Las barreras de listones, barandillas o cadenas, deberán colocarse de forma que su borde superior esté a una altura "*X*" mínima sobre el suelo de 100 cm. Además, deberá disponerse más de un listón o barandilla para que la altura del mayor hueco libre por debajo del listón superior no supere el 30 % de "*X*" con un máximo de 40 cm (*véanse* Figuras 1 y 2).

6.2.3. Cuando en la parte inferior de la celda no existan elementos en tensión, podrá realizarse una protección incompleta, es decir, que no llegue al suelo, a base de pantallas o rejillas, chapas, etc. En este caso, el borde superior de la protección quedará a una altura mínima sobre el suelo según lo indicado en los aparatos 6.2.1 y 6.2.2 anteriores y el borde inferior quedará a una altura sobre el suelo que será como máximo 25 cm menor que la altura del punto en tensión más bajo.

6.2.4. En las instalaciones de celdas abiertas debe establecerse una zona de protección entre el plano de las protecciones de las celdas y los elementos en tensión. La forma y dimensiones mínimas de dichas zonas de protección, se representan rayadas en las Figuras 1 y 2, con las precisiones que siguen, referidas a la altura y naturaleza de la protección y a las distancias de seguridad indicadas anteriormente.

Tipo de protección	X (cm) según 6.2.1	Y (cm) según 6.2.1	R (cm) según 6.2.1	Zona de protección
Pantallas o tabiques macizos NO CONDUCTORES	≥ 200	A	-	ABCD Figura 1
	< 200 ≥ 180	A	C	ABCEFD Figura 2
	< 180 ≥ 100	E	-	ABCD Figura 1
Pantallas o tabiques macizos CONDUCTORES	≥ 200	B	-	ABCD Figura 1
	< 200 ≥ 180	B	C	ABCEFD Figura 2
	< 180 ≥ 100	E	-	ABCD Figura 1
Enrejados	≥ 180	C	-	ABCD Figura 1
	< 180 ≥ 100	E	-	ABCD Figura 1
Barreras	≥1 00	E	-	ABCD Figura 1

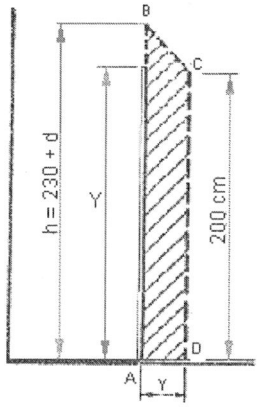

Fig. 1

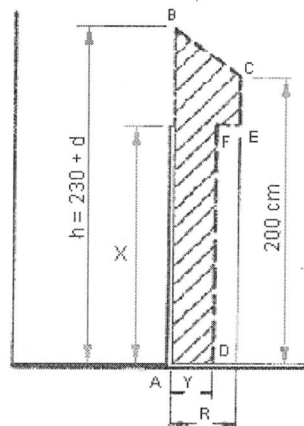

Fig. 2

6.3. Zonas de protección para instalaciones eléctricas en el interior de edificios industriales

En recintos no independientes cuando se trate de locales en el interior de edificios industriales siempre que sean instalaciones eléctricas de tercera categoría en celdas bajo envolvente metálica y grado de protección IP 41 (UNE 20 324) e IK 10 (UNE-EN 50102) y que no contengan aparatos o transformadores con líquidos combustibles podrán situarse en cualquier punto del local, siempre que se cumplan las siguientes condiciones:

a) No estar situadas bajo las áreas barridas por puentes-grúas monocarriles, y otros aparatos de manutención.

b) Estar rodeadas de una barandilla de protección de un metro de altura y separada horizontalmente un mínimo de un metro de la citada envolvente, de forma que impida la aproximación involuntaria a la instalación.

6.4. Distancias para garantizar la evacuación de gases en caso de defectos internos

Para garantizar la seguridad de los operadores, y cuando proceda del público en general, en casos de defectos internos en alta tensión, se respetarán las condiciones de instalación establecidas por el fabricante en su manual de instrucciones, como por ejemplo, las distancias mínimas entre las celdas y las paredes traseras y laterales.

185

7. INSTALACIONES MÓVILES DE ALTA TENSIÓN

Para subestaciones móviles, y en general para instalaciones móviles de alta tensión previstas para su conexión a la red, se podrán permitir excepciones a los requisitos establecidos en los apartados 3.1 sobre condiciones de acceso y paso, 3.5 sobre canalizaciones eléctricas, 5.1 sobre sistemas contra incendios, y 6 sobre pasillos y zonas de protección, siempre que el correspondiente diseño justificado por el proyectista o fabricante adopte las medidas apropiadas que permitan garantizar la seguridad de la instalación.

8. DOCUMENTACIÓN DE LA INSTALACIÓN

En las instalaciones de alta tensión se guardarán a disposición del personal técnico, en la propia instalación, las instrucciones de operación y el libro de instrucciones de control y mantenimiento.

No será necesario conservar la documentación en la propia instalación si se dispone de un procedimiento interno que fije estructura de la documentación y el lugar donde se conserva, utilizando por ejemplo sistemas de almacenamiento informático con acceso remoto que garanticen que está fácilmente disponible para el personal técnico encargado de la instalación.

15

Instrucción Técnica Complementaria
ITC-RAT 15

INSTALACIONES ELÉCTRICAS
DE EXTERIOR

Índice

1. GENERALIDADES

Esta instrucción tiene como objeto establecer los requisitos que deben cumplir las instalaciones de alta tensión previstas para funcionar en intemperie.

2. DISPOSICIÓN DE LAS INSTALACIONES

Las instalaciones eléctricas de exterior podrán ir dispuestas:

a) En parques convenientemente vallados en su totalidad.

b) En centros de transformación sobre apoyos, en terrenos sin vallar, en los que el transformador se ubica sobre el apoyo.

c) En centros de transformación a pie de apoyo. En este caso la aparamenta de maniobra y protección se ubica en el apoyo y el transformador al pie del apoyo en el interior de una envolvente. La instalación bajo envolvente, prefabricada o no, cumplirá con lo dispuesto en la ITC-RAT 14. Dicha envolvente impedirá el acceso a las partes con tensión y elementos de protección y maniobra, evitando que estas, sean accesibles desde el exterior.

d) En subestaciones móviles.

3. CONDICIONES GENERALES

3.1. Vallado

Todo el recinto de los parques destinados a instalaciones señaladas en el párrafo a) del apartado anterior deberá estar protegido por una valla, enrejado u obra de fábrica de una altura k de 2,20 metros como mínimo, medida desde el exterior, provista de señales de advertencia de peligro por alta tensión en cada una de sus orientaciones, con objeto de advertir sobre el peligro de acceso al recinto a las personas ajenas al servicio.

La construcción del vallado debe ser adecuada para disuadir de su escalada.

3.2. Clases de instalaciones

Las instalaciones dentro del recinto vallado de los parques pueden comprender equipos de intemperie, así como conjuntos prefabricados. Igualmente pueden existir edificios destinados a instalaciones de alta tensión de tipo interior.

Las instalaciones de exterior podrán incluir transformadores de potencia protegidos parcialmente por paredes o techo, siempre que estas protecciones no lleguen a constituir una envolvente.

3.3. Terreno

El terreno deberá ser explanado en uno o varios planos, debiendo protegerse para evitar la emanación del polvo, utilizando para ello los medios que se consideran convenientes: suelo de grava, césped, asfáltico, hormigón, u otros análogos.

Deberán tomarse precauciones para evitar encharcamientos de agua en la superficie del terreno, dando una pendiente al suelo o estableciendo un sistema de drenaje adecuado, cuando sea necesario.

Igualmente se deberán tomar disposiciones de drenaje en el caso de emplear canales y conductos de cables, tanto de potencia como de mando, señalización, control, comunicaciones u otros.

3.4. Condiciones atmosféricas

3.4.1. Deberán tenerse en cuenta las condiciones atmosféricas del lugar donde se prevea el emplazamiento de la instalación a efectos de la influencia de la temperatura, hielo, viento, humedad, contaminación, etc., sobre el equipo y demás elementos que componen la instalación.

3.4.2. Los efectos de la temperatura, del hielo y del viento se tendrán en cuenta, tanto por lo que se refiere a los esfuerzos que provoquen sobre los elementos de las instalaciones, como por las vibraciones que en algunos elementos pudieran producirse, así como por la dificultad de sus maniobras. Los esfuerzos correspondientes se calcularán tomando como base lo que a estos efectos señalan el Reglamento sobre condiciones técnicas y garantías de seguridad en líneas eléctricas de alta tensión y las normas aplicables incluidas en la ITC-RAT 02.

3.5. Protección contra la corrosión

Se tomarán medidas contra la corrosión que pueda afectar a los elementos metálicos por su exposición a la intemperie, debiendo utilizarse protecciones adecuadas, tales como galvanizado, pintura u otros recubrimientos.

3.6. Conducciones y almacenamiento de fluidos combustibles

3.6.1. Las conducciones de fluidos combustibles, cuyas posibles averías puedan originar escapes de fluido que, por sus características puedan dar lugar a la formación de atmósferas con riesgo de incendio o explosión, cumplirán los Reglamentos específicos que les sean de aplicación, deberán estar alejadas de las canalizaciones eléctricas de alta tensión, prohibiéndose terminantemente la colocación de ambas en una misma atarjea o galería de servicio.

3.6.2. El almacenamiento de fluidos combustibles se situará en lugares específicamente habilitados a tal efecto, fuera del paso habitual de personal, y se tendrán en cuenta los requisitos exigidos en los Reglamentos que les afecten.

3.6.3. En el almacenamiento y manipulación de fluidos combustibles se preverán las medidas necesarias para minimizar el impacto ambiental de derrames o fugas accidentales.

3.7. Conducciones y almacenamiento de agua

Las conducciones y depósitos de almacenamiento de agua se instalarán suficientemente alejados de los elementos en tensión de tal forma que su rotura no pueda provocar averías en las instalaciones eléctricas. A estos efectos, se recomienda disponer las conducciones principales de agua en un plano inferior a las canalizaciones de energía eléctrica, especialmente cuando estas se construyan a base de conductores desnudos sobre aisladores.

191

Quedan exentos del cumplimiento de estos requisitos las instalaciones necesarias para el sistema de extinción de incendios de la propia instalación eléctrica.

3.8. Alcantarillado

La red general de alcantarillado, si existe, deberá estar situada en un plano inferior al de las instalaciones eléctricas subterráneas, pero si por causas especiales fuera necesario disponer en un plano inferior alguna parte de la instalación eléctrica, se adoptarán las disposiciones adecuadas para proteger a ésta de las consecuencias de cualquier tipo de filtración.

3.9. Canalizaciones

Para las canalizaciones se aplicará lo establecido en el apartado 5 de la ITC-RAT 05.

3.10. Protección contra sobretensiones transitorias

En general, las instalaciones de 1.ª, 2.ª y categoría especial situadas en el exterior, en los parques a que se refiere el párrafo a) del apartado 1 de esta instrucción, deberán estar protegidas contra los efectos de las posibles descargas de rayos directamente sobre las mismas o en sus proximidades. Para esta protección se podrán emplear por ejemplo conductores de tierra situados por encima de las instalaciones, o pararrayos atmosféricos debidamente distribuidos en función de sus características.

Se utilizarán pararrayos para la protección contra sobretensiones de transformadores, reactancias y aparatos similares, o en su defecto se realizará un estudio de coordinación de aislamiento para determinar la ubicación de los pararrayos en la instalación. En función del estudio de coordinación de aislamiento se utilizarán también estos dispositivos en las entradas de líneas. Los pararrayos cumplirán con la normativa aplicable según la ITC-RAT 02.

3.11. Centros de transformación en el interior de los parques de alta tensión

En las subestaciones donde se encuentran instalados centros de transformación queda prohibida la salida de líneas de baja tensión al exterior del recinto de estos parques salvo que se cumpla alguna de las condiciones siguientes:

a) Que los puntos alimentados tengan una red de tierra de protección común con la del parque de alta tensión, de forma que se consiga equipotencialidad entre las tierras.

b) Que la alimentación se realice a través de transformadores de aislamiento, en cuyo caso el secundario de estos transformadores no tendrá conexión alguna con tierra o estará conectado a la tierra de la instalación receptora.

3.12. Cuadros y pupitres de control

Los cuadros y pupitres de control de las instalaciones de alta tensión estarán situados en lugares de amplitud, refrigeración e iluminación adecuados, que cumplirán lo especificado en la ITC-RAT 10.

Se podrán instalar armarios de protección y control a la intemperie, próximos a la aparamenta a la que están asociados, siempre que incorporen las medidas adecuadas de protección contra los efectos atmosféricos.

3.13. Cuadros de distribución para BT en centros de transformación de distribución pública

Los cuadros deberán cumplir los requisitos establecidos en la ITC-RAT 14, excepto en el grado de protección mínimo que será IP 34D según UNE 20324.

Cuando el cuadro se instale a una altura inferior a 2,5 m y resulte accesible a personal no autorizado el índice de protección contra impactos será IK 10 según UNE-EN 50102.

3.14. Interruptores de aceite o de otros líquidos inflamables maniobrados localmente

Los interruptores de aceite o de otros líquidos dieléctricos inflamables, sean o no automáticos, cuya maniobra se efectúe localmente y que no estén instalados sobre apoyos, dispondrán de envolventes o tabiques de material incombustible con una clase de reacción al fuego A1, según la clasificación europea de los productos para la construcción y mecánicamente resistente, con objeto de proteger al operario y al público en general, contra los efectos de una posible proyección de líquido o explosión en el momento de la maniobra.

3.15. Limitación de los campos magnéticos en la proximidad de instalaciones de alta tensión

En el diseño de las instalaciones de alta tensión se adoptarán las medidas adecuadas para minimizar, en el exterior de las instalaciones de alta tensión, los campos electromagnéticos creados por la circulación de corriente a 50 Hz en los diferentes elementos de las instalaciones cuando dichas instalaciones de alta tensión se encuentren próximas a edificios de otros usos.

La comprobación de que no se supera el valor establecido en el Real Decreto 1066/2001, de 28 de septiembre, por el que se aprueba el reglamento que establece condiciones de protección del dominio público radioeléctrico, restricciones a las emisiones radioeléctricas y medidas de protección sanitaria frente a emisiones radioeléctricas, se realizará mediante los cálculos para el diseño correspondiente, antes de la puesta en marcha de las instalaciones que se ejecuten siguiendo el citado diseño y en sus posteriores modificaciones cuando estas pudieran hacer aumentar el valor del campo magnético. Dichas comprobaciones se harán constar en el proyecto técnico previsto en la ITC-RAT 20.

Con objeto de verificar que en la proximidad de las instalaciones de alta tensión no se sobrepasan los límites máximos admisibles, la Administración Pública competente podrá requerir al titular de la instalación que se realicen las medidas de campos magnéticos por organismos de control habilitados o laboratorios acreditados en medidas magnéticas. Las medidas deben realizarse en condiciones de funcionamiento con carga, y referirse al caso más desfavorable, es decir, a los valores máximos previstos de corriente.

3.16. Limitación del nivel de ruido emitido por instalaciones de alta tensión

Con objeto de limitar el ruido originado por las instalaciones de alta tensión, éstas se dimensionarán y diseñarán de forma que los índices de ruido medidos en el exterior de las instalaciones se ajusten a los niveles de calidad acústica establecidos en el Real Decreto 1367/2007, de 19 de octubre, por el que se desarrolla la Ley 37/2003, de 17 de noviembre, del Ruido, en lo referente a zonificación acústica, objetivos de calidad y emisiones acústicas.

Con objeto de verificar que en la proximidad de las instalaciones de alta tensión no se sobrepasan los límites máximos admisibles, la Administración Pública competente podrá realizar, por control estadístico o a petición de parte interesada, inspecciones con sus propios medios o delegar dichas mediciones en organismos de control habilitados o laboratorios acreditados en medidas de ruido.

4. PASILLOS Y ZONAS DE PROTECCIÓN

4.1. Pasillos de servicio

4.1.1. Para la anchura de los pasillos de servicio es válido lo dicho en el apartado 6.1.1 de la ITC-RAT 14.

4.1.2. Los elementos en tensión no protegidos que se encuentran sobre los pasillos, deberán estar a una altura mínima H sobre el suelo, medida en centímetros, igual a:

$$H = 250 + d$$

siendo d la distancia expresada en centímetros de las Tablas 1, 2 y 3 de la ITC-RAT-12, dadas en función de la tensión soportada nominal a impulsos tipo rayo adoptada por la instalación.

De la Tabla 3 de dicha ITC-RAT-12 se tomarán los valores indicados en la columna «Conductor-estructura».

En la determinación de esta distancia, se tendrá en cuenta la flecha máxima, por acumulación de nieve o por otros factores que pudieran reducir la distancia de seguridad, tomando como referencia lo indicado el Reglamento sobre condiciones técnicas y garantías de seguridad en líneas de alta tensión.

4.1.3. En las zonas en donde se prevea el paso de aparatos o máquinas deberá mantenerse una distancia mínima entre los elementos en tensión y el punto más alto de aquellos, no inferior a:

$$T = d + 10$$

con un mínimo de 50 cm. Se señalizará la altura máxima permitida para el paso de los aparatos o máquinas.

4.1.4. En cualquier caso, los pasillos de servicio estarán libres de todo obstáculo hasta una altura de 250 cm sobre el suelo.

4.1.5. En las zonas accesibles, la parte más baja de cualquier elemento aislante, por ejemplo el borde superior de la base metálica de los aisladores estará situado a la altura mínima sobre el suelo de 230 cm (*ver* Figuras 2, 3 y 4). En el caso en que dicha altura sea menor de 230 cm será necesario establecer sistemas de protección, tal como se indica en el apartado 4.2 (*ver* Figuras 1 y 5).

4.2. Zonas de protección contra contactos accidentales en el interior del recinto de la instalación

4.2.1. Los sistemas de protección que deban establecerse guardarán unas distancias mínimas medidas en horizontal a los elementos en tensión que se respetarán en toda zona comprendida entre el suelo y una altura de 200 cm que, según el sistema de protección elegido y expresadas en centímetros, serán:

1º De los elementos en tensión a paredes macizas de 180 cm de altura mínima:

$$B = d + 3$$

2º De los elementos en tensión a enrejados de 180 cm de altura mínima:

$$C = d + 10$$

3º De los elementos en tensión a cierres de cualquier tipo (paredes macizas, enrejados, barreras, etc.) con una altura que en ningún caso podrá ser inferior a 100 cm:

$E = d + 30$, con un mínimo de 125 cm.

4º Para barreras no rígidas y enrejados los valores de las distancias de seguridad en el aire deben incrementarse para tener en cuenta cualquier posible desplazamiento de la barrera o enrejado.

siendo d el mismo valor definido en el apartado 4.1.2 de esta instrucción.

La cuadrícula del enrejado, cuando la hubiere, será como máximo de 50 × 50 mm.

Para la aplicación de estos valores se tendrá en cuenta lo indicado en el apartado 6.2.2 de la ITC-RAT 14.

4.2.2. Teniendo en cuenta estas distancias mínimas así como la altura libre en las zonas accesibles señaladas en el apartado 4.1.5, la zona total de protección que deberá respetarse entre los sistemas de protección y los elementos en tensión se representará rayada en la Figura 1, aplicándose la distancia de la Tabla 1.

Tabla1

Tipo de protección	X (cm)	Y (cm)
Tabiques macizos	≥ 180	$B = d + 3$
Enrejados	≥ 180	$C = d + 10$
Barreras, tabiques macizos o enrejados	< 180 ≥ 100	$E = d + 30$ (mín. 125)

4.3. Zonas de protección contra contactos accidentales desde el exterior del recinto de la instalación

4.3.1. Para evitar los contactos accidentales desde el exterior del cierre del recinto de la instalación con los elementos en tensión, deberán existir entre estos y el cierre las distancias mínimas de seguridad, medidas en horizontal y en centímetros, que a continuación se indican:

1.º De los elementos en tensión al cierre cuando éste es una pared maciza de altura $k < 250 + d$ (cm).

$$F = d + 100 \text{ (Figura 2)}$$

2.º De los elementos en tensión al cierre cuando este es una pared maciza de altura $k \geq 250 + d$ (cm).

$$B = d + 3 \text{ (Figura 3)}$$

3.º De los elementos en tensión al cierre cuando este es un enrejado de cualquier altura $k \geq 220$ cm.

$$G = d + 150 \text{ (Figura 4)}$$

La cuadrícula del enrejado será, como máximo, de 50 × 50 mm.

4.3.2. Si la altura sobre el suelo a la parte más baja de cualquier elemento aislante, por ejemplo el borde superior de la base metálica de los aisladores, es inferior a 230 cm, no podrán establecerse pasillos de servicio, a no ser que se disponga de una protección situada entre los aparatos y el cierre exterior de la instalación, de modo que se cumpla simultáneamente lo indicado en el apartado 4.2 (Figura 5).

4.3.3. Teniendo en cuenta estas distancias mínimas, así como lo indicado a este respecto en las restantes prescripciones de esta Instrucción, las zonas de protección que deberán establecerse entre el cierre y los aparatos o elementos en tensión, se representan rayadas en las Figuras 2, 3, 4 y 5, a modo de ejemplo.

En todas ellas:

a) L es la altura mínima que deben tener los conductores sobre el suelo, de acuerdo con el Reglamento sobre condiciones técnicas y garantías de seguridad en líneas eléctricas de alta tensión.

b) X e Y según Figura 1 y aclaraciones del Apartado 4.2.2. *Ver* también Tabla 1.

c) Z es la anchura de pasillo de acuerdo con el Apartado 6.1.1 de la ITC-RAT 14.

En cualquier caso, la distancia del aparato al cierre se determinará con la mayor distancia resultante: F o G, o la suma de $Z + Y +$ espesor del sistema de protección.

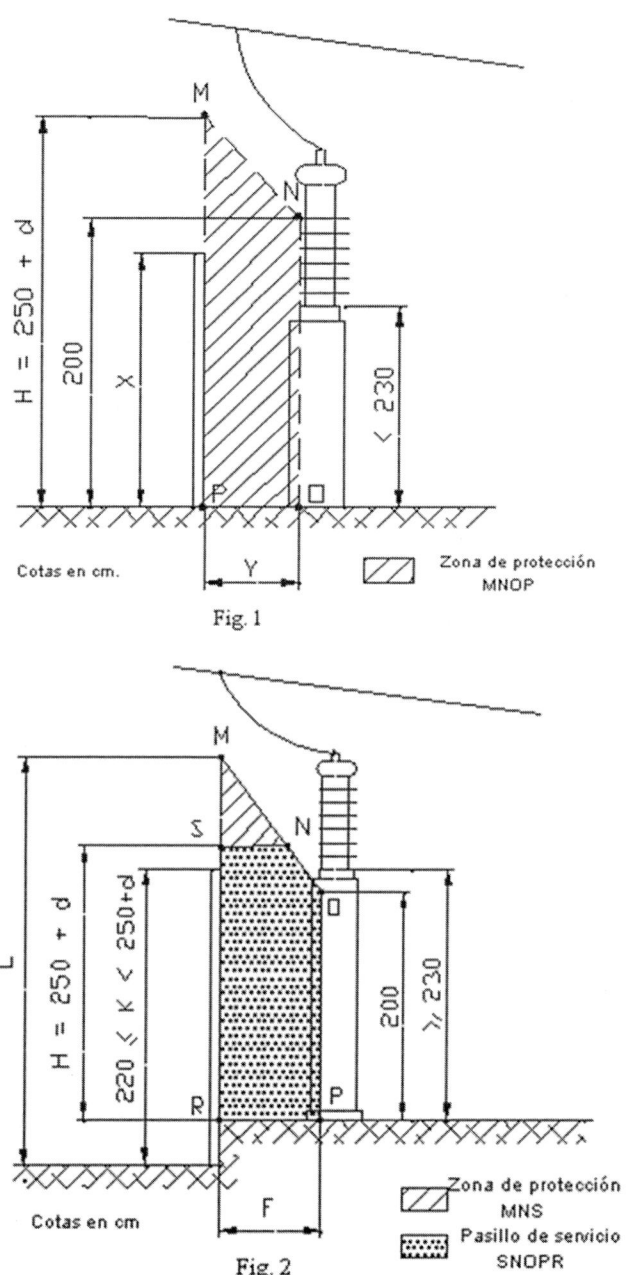

Fig. 1

Cotas en cm.

Zona de protección
MNOP

Fig. 2

Cotas en cm

Zona de protección
MNS

Pasillo de servicio
SNOPR

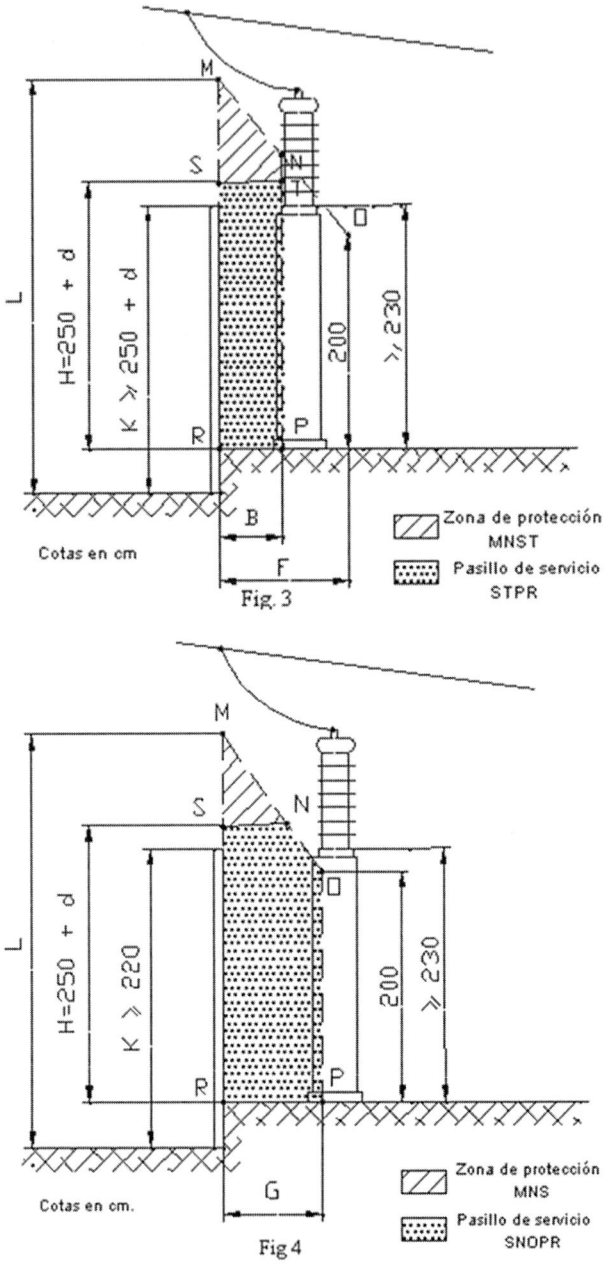

Cotas en cm

Fig. 3

▨ Zona de protección
MNST

▦ Pasillo de servicio
STPR

Cotas en cm.

Fig 4

▨ Zona de protección
MNS

▦ Pasillo de servicio
SNOPR

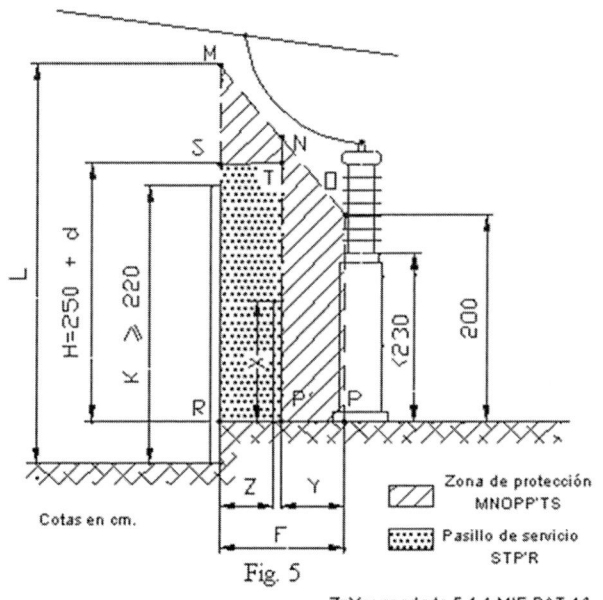

Fig. 5

Z=Ver apartado 5.1.1 MIE-RAT 14

5. INSTALACIONES SOBRE APOYO O AL PIE DEL APOYO

5.1. Apoyos

Los apoyos podrán ser metálicos, de hormigón armado o combinaciones de estos materiales.

Se evitará el empleo de tirantes o vientos que dificulten las maniobras del personal de servicio.

Los apoyos deberán ser calculados teniendo en cuenta los pesos del equipo instalado, además de lo prescrito por el Reglamento sobre condiciones técnicas y garantías de seguridad en líneas eléctricas de alta tensión.

5.2. Disposiciones generales y condiciones de instalación

5.2.1. La altura y disposición de los apoyos serán tales que las partes que se encuentren bajo tensión y no estén protegidas contra contactos accidentales se sitúen como mínimo a 5 metros de altura sobre el suelo. La parte inferior de las masas del equipo (cuba de transformador, interruptor, condensadores, etc.) deberá estar situada respecto al suelo a una altura no inferior a 3 metros. En los casos en que no se cumpliesen estas alturas será necesario establecer un cierre de protección de acuerdo con lo prescrito en esta instrucción.

Se dispondrán en lugares visibles de los apoyos, carteles indicadores de peligro y se tomarán las medidas oportunas para dificultar su escalamiento en aquellos lugares que se consideren frecuentados.

5.2.2. Las puestas a tierra de todos los elementos de la instalación se ajustarán lo que establece en la ITC-RAT 13. Se cuidará la protección de los conductores de conexión a tierra en las zonas inmediatamente superior e inferior al nivel del terreno, de modo que queden defendidos contra golpes, robo, etc.

5.2.3. Los dispositivos para la maniobra en la alimentación de los centros de transformación, deben disponerse de tal manera que puedan ser maniobrados sin peligro.

Estos dispositivos de seccionamiento se situarán, bien en el propio apoyo del transformador, o bien en un apoyo anterior, en cuyo caso deberán ser visibles desde el centro de transformación. Se admitirá también su instalación en un apoyo anterior, aun cuando no sean visibles desde el centro de transformación, siempre que en el accionamiento del seccionador exista un bloqueo, o bien que su cierre esté concebido de tal forma que requiera la utilización de herramientas especiales y por tanto, su cierre no sea normalmente factible por personas ajenas al servicio.

Se admitirá un único dispositivo de corte para la maniobra de la alimentación común de varios transformadores, siempre que se cumplan las condiciones anteriores y cuando la potencia del conjunto de los transformadores no sea superior a 400 kVA.

5.2.4. En los casos en que la línea pueda tener alimentación por sus dos extremos deberán instalarse dispositivos de corte de la maniobra a ambos extremos de la instalación, de acuerdo con lo indicado en el párrafo anterior.

5.2.5. Cuando el elemento de maniobra del centro de transformación esté instalado sobre apoyo, el centro de transformación a pie de apoyo no estará separado más de 25 m del apoyo.

5.2.6. El transformador estará protegido contra sobretensiones mediante un pararrayos situado lo más cerca posible al mismo.

Cuando el transformador esté alimentado a través de un cable aislado desde un entronque de una línea aérea a subterránea, su protección contra sobretensiones se podrá efectuar mediante un pararrayos situado en el entronque, siempre que la distancia entre el pararrayos y el transformador no sea excesiva para garantizar la protección del transformador frente a sobretensiones atmosféricas y se garantice la coordinación de aislamiento según la norma UNE-EN 60071-2.

6. OTRAS PRESCRIPCIONES

6.1. Sistemas contra incendios

1. Se deberán adoptar las medidas de protección pasiva y activa que eviten en la medida de lo posible la aparición o la propagación de incendios en las instalaciones eléctricas de alta tensión teniendo en cuenta:

   a) La propagación del incendio a otras partes de la instalación.

   b) La posibilidad de propagación del incendio al exterior de la instalación en lo que respecta a daños a terceros.

   c) La gravedad de las consecuencias debidas a los posibles cortes de servicio.

2. Los riesgos de incendio se particularizan principalmente en los transformadores o reactancias aislados con líquidos combustibles, en los que se tomarán una o varias de las siguientes medidas, según proceda:

a) Dispositivos de protección rápida que corten la alimentación de todos los arrollamientos del transformador. No es necesario el corte en aquellos arrollamientos que no tengan posibilidad de alimentación de energía eléctrica.

b) Elección de distancias suficientes para evitar que el fuego se propague a instalaciones próximas a proteger, o colocación de paredes cortafuegos.

c) En el caso de instalarse juntos varios transformadores, y a fin de evitar el deterioro de uno de ellos por la proyección de aceite u otros materiales al averiarse otro próximo, se instalará una pantalla entre ambos de las dimensiones y resistencia mecánica apropiadas.

d) La construcción de fosas colectoras del líquido aislante.

Las instalaciones deberán disponer de cubas o fosas colectoras. Cuando la instalación disponga de un único transformador la fosa colectora debe tener capacidad para almacenar la totalidad del fluido y si hubiera más de un transformador la fosa debe estar diseñada para recibir, al menos, la totalidad del fluido del transformador más grande.

No obstante, cuando el transformador contenga líquido aislante, pero su potencia sea menor o igual de 250 kVA, la fosa podrá suprimirse. Asimismo, también podrá suprimirse cuando se utilice líquido aislante biodegradable que no puede derramarse a cauces superficiales o subterráneos o a canalizaciones de abastecimiento de aguas o de evacuación de aguas residuales.

Para los transformadores de distribución ubicados en el interior de una envolvente al pie de un apoyo les será de aplicación lo indicado en la ITC RAT 14.

e) Instalación de dispositivos de extinción apropiados, cuando las consecuencias del incendio puedan preverse como particularmente graves, tales como la proximidad de los transformadores a inmuebles habitados.

En las instalaciones dotadas de sistemas de extinción de tipo fijo, automático o manual, deberá existir un plano detallado de dicho sistema, así como instrucciones de funcionamiento.

Los extintores, si existen, estarán situados de forma racional, según las dimensiones y disposición del recinto que alberga la instalación y sus accesos.

En la elección de aparatos o equipos extintores móviles o fijos se tendrá en cuenta si van a ser usados en instalaciones en tensión o no, y en el caso de que solo puedan usarse en instalaciones sin tensión se colocarán los letreros de aviso pertinentes.

El proyectista deberá justificar que ha adoptado las medidas suficientes en cada caso.

6.2. Alumbrado de socorro

En las instalaciones que tengan personal permanente para su servicio y maniobra, así como en aquellas otras que por su importancia lo requiera, deberán disponerse los medios propios de alumbrado auxiliar que puedan servir como socorro en caso de faltar energía propia o procedente del exterior, a fin de permitir la circulación del personal y las primeras maniobras que se precisen.

La conmutación del alumbrado normal al de socorro se efectuará automáticamente.

6.3. Elementos y dispositivos para maniobras

Para la realización de las maniobras en las instalaciones eléctricas de alta tensión y de acuerdo con sus características, se utilizarán los elementos necesarios para la seguridad personal. Todos estos elementos deberán estar siempre en perfecto estado de uso, lo que se comprobará periódicamente.

6.4. Instrucciones y elementos para prestación de primeros auxilios

En todas las centrales, subestaciones y centros de transformación, se colocarán placas con instrucciones sobre los primeros auxilios que deban prestarse a los accidentados por contactos con elementos en tensión.

En toda instalación que requiera servicio permanente de personal, se dispondrá de los elementos indispensables para practicar los primeros auxilios en casos de accidente, tales como botiquín de urgencia, camilla, mantas ignífugas u otras instrucciones para su uso.

6.5. Proximidad de líneas aéreas a subestaciones

6.5.1. Líneas aéreas de entrada o salida a la subestación

Las líneas aéreas de entrada o salida a una subestación de exterior no sobrevolarán el parque eléctrico, de forma que se garantice que en caso de rotura de un conductor de la línea no se alcanzan partes en tensión de la subestación.

6.5.2. Otras líneas aéreas en proximidad de una subestación

Por motivos de seguridad no se permite la construcción de subestaciones de exterior bajo la franja del terreno definida por la servidumbre de vuelo de una línea aérea de alta tensión ajena a la subestación, incrementada a cada lado en la altura de los apoyos de la línea más 10 m. Por el mismo motivo, tampoco se permite la construcción de líneas eléctricas de alta tensión ajenas a la subestación pero próximas a ella, si la franja de terreno definida anteriormente para la línea interfiere en el perímetro de la subestación.

7. SUBESTACIONES MÓVILES

Para subestaciones móviles, se podrán permitir excepciones a los requisitos establecidos en los apartados 3.3 sobre condiciones del terreno, 3.9 sobre canalizaciones eléctricas, 3.10 sobre protección contra sobretensiones transitorias, 4 sobre pasillos y zonas de protección y 6.1 sobre sistemas contra incendios, siempre que el correspondiente diseño justificado por el proyectista o fabricante adopte las medidas apropiadas que permitan garantizar la seguridad de la instalación.

8. DOCUMENTACIÓN DE LA INSTALACIÓN

En las instalaciones de alta tensión se guardarán a disposición del personal técnico, en la propia instalación, las instrucciones de operación y el libro de instrucciones de control y mantenimiento.

No será necesario conservar la documentación en la propia instalación si se dispone de un procedimiento interno que fije estructura de la documentación y el lugar donde se conserva, utilizando por ejemplo sistemas de almacenamiento informático con acceso remoto que garanticen que está fácilmente disponible para el personal técnico encargado de la instalación.

16

Instrucción Técnica Complementaria
ITC-RAT 16

CONJUNTOS PREFABRICADOS DE APARAMENTA BAJO ENVOLVENTE METÁLICA HASTA 52 kV

Índice

1. GENERALIDADES

Se establece como norma de obligado cumplimiento para estas instalaciones la norma UNE-EN 62271-200, con las modificaciones y adiciones contenidas en esta ITC.

Cuando las instalaciones a que se refiere esta ITC utilicen como aislamiento fluidos a presión quedan exentas de la aplicación del Real Decreto 769/1999, de 7 de mayo, por el que se dictan las disposiciones de aplicación de la Directiva del Parlamento Europeo y del Consejo, 97/23/CE, relativa a los equipos de presión y se modifica el Real Decreto 1244/1979, de 4 de abril, que aprobó el Reglamento de aparatos a presión.

2. ÁMBITO DE APLICACIÓN

2.1. Se aplicará esta Instrucción a los conjuntos prefabricados de aparamenta bajo envolvente metálica de tensión más elevada para el material de hasta 52 kV inclusive, para instalación interior o exterior. Estas instalaciones pueden incluir además de aparatos de conexión, su combinación con otros aparatos de alta tensión tales como transformadores de medida o protección, transformadores de potencia, fusibles, pararrayos, condensadores, reactancias, etc.

Los requisitos específicos de los conjuntos prefabricados para centros de transformación se consideran en la ITC-RAT 14.

2.2. Esta instrucción será aplicable tanto a instalaciones que utilicen como aislamiento aire a presión atmosférica como aquellas que usen gases (por ejemplo SF6) o líquidos. La presión relativa para los compartimentos rellenos de gas quedará limitada a un máximo de 3 bares. Los compartimentos rellenos de gas con una presión relativa mayor se diseñarán y ensayarán según los criterios de la ITC RAT 18.

3. CONCEPCIÓN Y CONSTRUCCIÓN

3.1. La aparamenta bajo envolvente metálica deberá construirse de modo que las operaciones normales de explotación y mantenimiento puedan efectuarse sin riesgo. Existirán dispositivos eficaces para impedir los contactos accidentales con puntos en tensión incluso cuando estén totalmente extraídas las partes amovibles de la instalación si las hubiere.

3.2. Se preverán los elementos de seguridad suficientes que eviten la explosión de la envolvente metálica en caso de defecto interno y se elegirán las direcciones de escape, en su caso, de los fluidos (gases, líquidos, etc.) para evitar posibles daños a las personas.

El fabricante deberá informar de las características de su producto en los catálogos e información técnica facilitada a los proyectistas y/o usuarios finales en cuanto a la intensidad de cortocircuito soportada y su duración en caso de arco interno.

Por su parte el proyectista deberá comprobar que las potencias de cortocircuito en el lugar de la instalación y los tiempos de actuación de las protecciones son compatibles con las intensidades de defecto interno y duración que pueden soportar los equipos de acuerdo con la información facilitada por el fabricante.

3.3. Se preverán sistemas de alarma por pérdida de gas (disminución de la densidad), salvo cuando el diseño de las celdas o conjuntos esté contrastado mediante los correspondientes ensayos, de forma que el fabricante pueda garantizar que las pérdidas de gas no influyen en su vida útil, siendo esta superior a treinta años. No obstante, si la presión absoluta mínima de funcionamiento referida a 20 °C que garantiza los valores asignados de la aparamenta es superior a 1,2 bares, será necesario al menos, un indicador de presión.

3.4. Cada conjunto prefabricado llevará en lugar visible una placa de características en español con los siguientes datos:
  a) Nombre del fabricante o marca de identificación.
  b) Número de serie o designación de tipo, que permita obtener toda la información necesaria del fabricante.
  c) Tensión asignada.
  d) Intensidades asignadas máximas de servicio de las barras generales y de los circuitos.
  e) Frecuencia asignada.
  f) Año de fabricación.
  g) Intensidad máxima de cortocircuito soportable. La duración asignada del cortocircuito se indicará solo en caso de que sea diferente de 1 s.
  h) Nivel de aislamiento nominal. Puede ser suficiente indicar la tensión asignada soportada a impulsos tipo rayo.

i)   Cualquier otra característica cuya inclusión sea requerida en la norma UNE-EN 62271-200.

Además, es preciso que cada aparato de conexión tenga su placa de características según lo especificado en el apartado 5.10 de la norma UNE-EN 62271-1. Los aparatos de conexión que por diseño y construcción formen parte integrante de una unidad funcional y sean fabricados específicamente para esta no necesitarán llevar una placa de características individual sino que tendrán como placa de características la de la propia unidad funcional, la cual deberá incluir los datos que correspondan del aparato de conexión incorporado.

Si varias unidades funcionales están integradas en un conjunto, bastará con colocar una sola placa para todo el conjunto.

La placa de características se colocará preferentemente en una parte fija de la unidad funcional, de forma que sea visible durante el servicio normal. Las partes desmontables como tapas o cubiertas, si existen, deben tener una placa o marca de identificación que permita asociarla con la parte fija. Si la ubicación de la placa de características estuviera en una tapa o cubierta desmontable se incorporará en la parte fija de la unidad funcional una marca o número de identificación que permita asociar la parte fija con la parte desmontable (por ejemplo, basta marcar el mismo número de serie en la parte fija y en la parte desmontable).

4. CONDICIONES DE INSTALACIÓN

4.1. La conexión a tierra de las envolventes metálicas se realizará de la forma indicada en la Instrucción ITC-RAT 13.

4.2. Las instrucciones de mantenimiento estarán a disposición del personal de servicio de la instalación.

5. CONDICIONES DE SERVICIO

Las condiciones normales de servicio de los conjuntos prefabricados se ajustarán a las especificadas en la norma UNE-EN62271-200.

Estas instalaciones prefabricadas podrán estar previstas para servicio de interior o de exterior.

17

Instrucción Técnica Complementaria
ITC-RAT 17

CONJUNTOS PREFABRICADOS DE APARAMENTA BAJO ENVOLVENTE AISLANTE HASTA 52 kV

Índice

1. GENERALIDADES

Se establece como norma de obligado cumplimiento para estas instalaciones la norma UNE-EN 62271-201, con las modificaciones y adiciones contenidas en esta ITC.

Cuando las instalaciones a que se refiere esta ITC utilicen como aislamiento fluidos a presión quedan exentas de la aplicación del Real Decreto 769/1999, de 7 de mayo, por el que se dictan las disposiciones de aplicación de la Directiva del Parlamento Europeo y del Consejo, 97/23/CE, relativa a los equipos de presión y se modifica el Real Decreto 1244/1979, de 4 de abril, que aprobó el Reglamento de aparatos a presión.

2. ÁMBITO DE APLICACIÓN

2.1. Se aplicará esta Instrucción a los conjuntos prefabricados de aparamenta instalados o montados bajo envolvente aislante, de tensión más elevada para el material de hasta 52 kV inclusive, para instalación interior. Estas instalaciones pueden incluir además de aparatos de conexión, su combinación con otros aparatos de alta tensión tales como transformadores de medida o protección, transformadores de potencia, fusibles, pararrayos, condensadores, reactancias, etc.

2.2. Esta instrucción será aplicable tanto a instalaciones que utilicen como aislamiento aire a presión atmosférica como aquellas que usen gases (por ejemplo SF6) o líquidos. La presión relativa para los compartimentos rellenos de gas quedará limitada a un máximo de 3 bares. Los compartimentos rellenos de gas con una presión relativa mayor se diseñarán y ensayarán según los criterios de la ITC RAT 18.

3. CONCEPCIÓN Y CONSTRUCCIÓN

3.1. La aparamenta bajo envolvente aislante deberá construirse de modo que las operaciones normales de explotación y mantenimiento puedan efectuarse sin riesgo. Existirán dispositivos eficaces para impedir los contactos accidentales con puntos en tensión incluso cuando estén totalmente extraídas las partes amovibles de la instalación si las hubiere.

214

3.2. Se preverán los elementos de seguridad suficientes que eviten la explosión de la envolvente aislante en caso de defecto interno y se elegirán las direcciones de escape, en su caso, de los fluidos (gases, líquidos, etc.) para evitar posibles daños a las personas.

El fabricante deberá informar de las características de su producto en los catálogos e información técnica facilitada a los proyectistas y/o usuarios finales en cuanto a la intensidad de cortocircuito soportada y su duración en caso de arco interno.

Por su parte el proyectista de la instalación deberá comprobar que las potencias de cortocircuito en el lugar de la instalación y los tiempos de actuación de las protecciones son compatibles con las intensidades de defecto interno y duración que pueden soportar los equipos de acuerdo con la información facilitada por el fabricante.

3.3. Se preverán sistemas de alarma por pérdida de gas (disminución de la densidad), salvo cuando el diseño de las celdas o conjuntos esté contrastado mediante los correspondientes ensayos, de forma que el fabricante pueda garantizar que las pérdidas de gas no influyen en su vida útil, siendo esta superior a treinta años. No obstante, si la presión absoluta mínima de funcionamiento referida a 20 °C que garantiza los valores asignados de la aparamenta es superior a 1,2 bares, será necesario al menos, un indicador de presión.

3.4. Toda la aparamenta que constituye estos conjuntos estará recubierta por una envolvente aislante, a excepción de sus conexiones exteriores. La envolvente estará constituida por material aislante sólido y deberá poder resistir los esfuerzos mecánicos, eléctricos y térmicos, así como los efectos de humedad y envejecimiento que puedan producirse en el lugar de su instalación.

Las características de la envolvente serán tales que un contacto accidental con ella no represente riesgo para las personas.

3.5. Cada elemento del conjunto prefabricado llevará en lugar visible una placa de características en español con los siguientes datos:

a) Nombre del fabricante o marca de identificación.

b) Número de serie o designación de tipo, que permita obtener toda la información necesaria del fabricante.

c) Tensión asignada.

d) Intensidades asignadas máximas de servicio de las barras generales y de los circuitos.

e) Frecuencia asignada.

f) Año de fabricación.

g) Intensidad máxima de cortocircuito soportable. La duración asignada del cortocircuito se indicará solo en caso de que sea diferente de 1 s.

h) Nivel de aislamiento asignado. Puede ser suficiente indicar la tensión asignada soportada a impulsos tipo rayo.

i) Cualquier otra característica cuya inclusión sea requerida en la norma UNE-EN 62271-201.

Además, es preciso que cada aparato de conexión tenga su placa de características según lo especificado en la norma UNE-EN 62271-1. Los aparatos de conexión que por diseño y construcción formen parte integrante de una unidad funcional y sean fabricados específicamente para esta no necesitarán llevar una placa de características individual sino que tendrán como placa de características la de la propia unidad funcional, la cual deberá incluir los datos que correspondan del aparato de conexión incorporado.

Si varias unidades funcionales están integradas en un conjunto, bastará con colocar una sola placa para todo el conjunto.

La placa de características se colocará preferentemente en una parte fija de la unidad funcional, de forma que sea visible durante el servicio normal. Las partes desmontables como tapas o cubiertas, si existen, deben tener una placa o marca de identificación que permita asociarla con la parte fija. Si la ubicación de la placa de características estuviera en una tapa o cubierta desmontable se incorporará en la parte fija de la unidad funcional una marca o número de identificación que permita asociar la parte fija con la parte desmontable (por ejemplo, basta marcar el mismo número de serie en la parte fija y en la parte desmontable).

216

4 CONDICIONES DE INSTALACIÓN

4.1. En la instalación de aparamenta o conjuntos de aparamenta protegidos por envolvente aislante deberá tenerse en cuenta que, dadas las peculiares características de los equipos con envolvente aislante, será necesario considerar la condensación y condiciones de humedad existentes en el interior del local donde se instalen.

4.2. Las puestas a tierra necesarias deberán efectuarse de acuerdo con la Instrucción ITC-RAT 13.

4.3. Las instrucciones de mantenimiento estarán a disposición del personal de servicio de la instalación.

5. CONDICIONES DE SERVICIO

Las condiciones normales de servicio para los conjuntos prefabricados bajo envolvente aislante se ajustarán a las especificaciones de la norma UNE-EN 62271-201.

Estas instalaciones prefabricadas estarán previstas únicamente para servicio de interior.

18

Instrucción Técnica Complementaria
ITC-RAT 18

APARAMENTA BAJO ENVOLVENTE METÁLICA CON AISLAMIENTO GASEOSO DE TENSION ASIGNADA IGUAL O SUPERIOR A 72,5 kV

Índice

1. GENERALIDADES

Se establece como norma de obligado cumplimiento para las instalaciones de tensión igual o superior a 72,5 kV la norma UNE-EN 62271-203.

Las instalaciones a que se refiere esta ITC quedan exentas de la aplicación del Real Decreto 769/1999, de 7 de mayo, por el que se dictan las disposiciones de aplicación de la Directiva del Parlamento Europeo y del Consejo, 97/23/CE, relativa a los equipos de presión y se modifica el Real Decreto 1244/1979, de 4 de abril, que aprobó el Reglamento de aparatos a presión.

2. ÁMBITO DE APLICACIÓN

2.1. Se aplicará esta instrucción a la aparamenta bajo envolvente metálica con aislamiento gaseoso distinto del aire a presión atmosférica (por ejemplo SF6) para tensión de servicio igual o superior a 72.5 kV en las que las barras, interruptores automáticos, seccionadores, transformadores de medida, etc., estén aislados con gas en el interior de recipientes o envolventes metálicos, el cual sirve de elemento aislante. El gas puede ser también empleado como fluido extintor del arco en los interruptores.

2.2. Esta instrucción será aplicable tanto a las instalaciones en interior de edificios como a las de exterior.

3. CONCEPCIÓN Y CONSTRUCCIÓN

3.1. La aparamenta bajo envolvente metálica con aislamiento gaseoso deberá construirse de modo que las operaciones normales de explotación y mantenimiento puedan efectuarse sin riesgo.

3.2. Se preverán los elementos de seguridad suficientes que eviten la explosión de la envolvente metálica en caso de defecto interno y se elegirán las direcciones de escape, en su caso, de los fluidos (gases, líquidos, etc.) para evitar posibles daños a las personas.

El fabricante deberá informar de las características de su producto en los catálogos e información técnica facilitada a los proyectistas y/o usuarios finales en cuanto a la intensidad de cortocircuito soportada y su duración en caso de arco interno.

Por su parte el proyectista de la instalación deberá comprobar que las potencias de cortocircuito en el lugar de la instalación y los tiempos de actuación de las protecciones son compatibles con las intensidades de defecto interno y duración que pueden soportar los equipos de acuerdo con la información facilitada por el fabricante.

3.3. Se establecerán sistemas de compensación de la dilatación del juego de barras y de sus envolventes, en los casos precisos.

3.4. Para cada uno de los compartimentos estancos de la aparamenta se preverán sistemas de indicación de presión y de alarma por pérdida de gas (disminución de la densidad).

3.5. Cada conjunto prefabricado llevará en lugar visible una placa de características con los datos que exige la norma UNE-EN 62271-203.

Además, es preciso que cada aparato de conexión tenga su placa de características según la norma UNE-EN 62271-1. Los aparatos de conexión que por diseño y construcción formen parte integrante de una unidad funcional y sean fabricados específicamente para esta no necesitarán llevar una placa de características individual sino que tendrán como placa de características la de la propia unidad funcional, la cual deberá incluir los datos que correspondan del aparato de conexión incorporado.

Si varias unidades funcionales están integradas en un conjunto, bastará con colocar una sola placa para todo el conjunto.

La placa de características se colocará preferentemente en una parte fija de la unidad funcional, de forma que sea visible durante el servicio normal. Las partes desmontables como tapas o cubiertas, si existen, deben tener una placa o marca de identificación que permita asociarla con la parte fija. Si la ubicación de la placa de características estuviera en una tapa o cubierta desmontable se incorporará en la parte fija de la unidad funcional una marca o número de identificación que permita asociar la parte fija con la parte desmontable (por ejemplo, basta marcar el mismo número de serie en la parte fija y en la parte desmontable).

4. CONDICIONES DE INSTALACIÓN

4.1 Las puestas a tierra necesarias deberán efectuarse de acuerdo con la Instrucción ITC-RAT 13.

4.2 Las instrucciones de mantenimiento estarán a disposición del personal de servicio de la instalación.

5 CONDICIONES DE SERVICIO

Las condiciones normales de servicio de los conjuntos prefabricados se ajustarán a las especificadas en la norma UNE-EN 62271-203.

Estas instalaciones podrán estar previstas para servicio de interior o de exterior.

19

Instrucción Técnica Complementaria
ITC-RAT 19

INSTALACIONES PRIVADAS PARA CONECTAR A REDES DE DISTRIBUCIÓN Y TRANSPORTE DE ENERGÍA ELÉCTRICA

Modificaciones publicadas por el Real Decreto 542/2020[1]

Índice

---

[1] Se ha modificado el Apartado 3 de la ITC-RAT 19, según el Real Decreto 542/2020.

1. DISPOSICIÓN DE LA INSTALACIÓN

Las instalaciones privadas deben ser compatibles y estar coordinadas con la red de distribución o transporte de energía eléctrica a la que están conectadas. Para cumplir estos objetivos ciertos elementos que pueden existir en la instalación privada deben cumplir una serie de requisitos. Estos elementos son los siguientes:

a) Aparamenta de entrada o salida de líneas.

b) El relé de protección general de la instalación privada y si existe el sistema de telecontrol.

c) Sistema de medida de energía eléctrica.

Se establecerán las medidas necesarias para evitar la manipulación de estos elementos por parte del propietario de la instalación privada, por ejemplo, por ubicación en recintos independientes, precintos, enclavamientos o bloqueos.

El personal de la instalación privada tendrá acceso directo para realizar las maniobras que precise al seccionador o al interruptor general de su instalación, así como a la lectura del contador de energía eléctrica.

Asimismo, el personal de la empresa de transporte y distribución de energía tendrá acceso inmediato al interruptor general de la instalación privada, al seccionador de separación de instalaciones y al equipo de medida.

2. EMPLAZAMIENTO

El emplazamiento se escogerá de tal forma, que el personal perteneciente a la explotación de la red de transporte o distribución de energía eléctrica tenga en cualquier momento acceso directo y fácil a la parte de la instalación afecta a su explotación, y por lo tanto, la puerta de entrada deberá situarse preferentemente sobre una vía pública o, en otro caso, sobre una vía privada de libre acceso. En el caso de no poder cumplir esta condición, se dispondrá un centro de entrega de la energía en un punto que reúna las condiciones anteriores, en el que se instalará un dispositivo de corte que permita la separación de la instalación de la red de distribución o transporte de la privada.

3. ESPECIFICACIONES PARTICULARES DE LAS EMPRESAS DE PRODUCCIÓN, TRANSPORTE Y DISTRIBUCIÓN DE ENERGÍA ELÉCTRICA

Con el fin de lograr una mayor estandarización en las redes, una mayor uniformidad de las prácticas de su explotación, así como la debida coordinación de aislamiento y protecciones y facilitar el control y vigilancia de dichas instalaciones, las entidades de transporte y distribución de energía eléctrica deberán proponer especificaciones particulares y proyectos tipo uniformes para todas las instalaciones privadas que se conecten a las redes ubicadas en el territorio en que desarrollen su actividad. Estas especificaciones o proyectos podrán ser propuestas por un grupo de empresas para conseguir una mayor homogeneización.

Dichas especificaciones o proyectos deberán ajustarse, en cualquier caso, a los preceptos del reglamento sobre condiciones y garantías de seguridad en líneas eléctricas de alta tensión, y su aprobación seguirá el procedimiento descrito en el artículo 14 del Reglamento.

El objeto de las especificaciones particulares y proyectos tipo es asegurar que se produce la normalización suficiente que permita evitar los mayores costes de mantenimiento que se producen cuando existe una excesiva variedad de repuestos, evitar o disminuir las interrupciones derivadas de una mayor dificultad en la coordinación de protecciones y disminuir los tiempos de reparación de averías al disminuir la tipología y variedad en la aparamenta. Sin embargo, no deberán implicar por su especificidad barreras técnicas que aboquen al consumidor a un único proveedor. Por último, dichas especificaciones y proyectos deberán garantizar la uniformidad de los requisitos al menos por empresa y no deberán contener prescripciones de tipo administrativo o económico que supongan cargas para el titular de la instalación privada.

4. DATOS QUE FACILITARÁN LAS EMPRESAS DE TRANSPORTE Y DISTRIBUCIÓN DE ENERGÍA ELÉCTRICA

Las empresas de transporte y distribución de energía eléctrica deberán facilitar a los titulares de las instalaciones privadas, en servicio o en proyecto, los siguientes datos referidos al punto de suministro:

a) Tensión nominal de la red.

b) Nivel de aislamiento.

c) Intensidad máxima de cortocircuito trifásica y tiempo máximo de desconexión para dicha intensidad.

d) Intensidad de defecto a tierra y curva de tiempos de desconexión en caso de falta a tierra. Estos valores se facilitarán, en su caso, en forma de impedancia equivalente de red de forma que el proyectista pueda calcular la corriente de puesta a tierra y el tiempo de desconexión correspondiente.

e) Características mínimas requeridas para el sistema de protección, telecontrol y medida de energía eléctrica.

f) Procedimiento de puesta en servicio.

g) Cuantos datos sean precisos para la elaboración del proyecto y que dependan del funcionamiento de la red.

20

Instrucción Técnica Complementaria
ITC-RAT 20

ANTEPROYECTOS
Y PROYECTOS

Incluye modificación del Real Decreto 809/2021 por el que se aprueba el Reglamento de equipos a presión y sus ITC[1]

Índice

---

[1] Se ha modificado el Apartado 4 de la ITC-RAT 20, según en el Real Decreto 809/2021 por el que se aprueba el "Reglamento de equipos a presión y sus instrucciones técnicas complementarias".

1. PRESCRIPCIONES GENERALES

Para la elaboración de los anteproyectos y proyectos se utilizarán, como guía, las consideraciones indicadas en la norma UNE 157001.

2. ANTEPROYECTO

2.1. Finalidad

El anteproyecto es el documento o conjunto de documentos que definen las características generales de la instalación a ejecutar.

El anteproyecto de una instalación de alta tensión podrá utilizarse para la tramitación de la correspondiente autorización administrativa previa, caso de que el solicitante estime la necesidad de su presentación con anterioridad a la preparación del proyecto técnico administrativo.

2.2. Documentos que comprende

El Anteproyecto de una instalación eléctrica de alta tensión constará, en general, al menos de los documentos siguientes:

a) Memoria.

b) Presupuesto.

2.2.1. Memoria

El documento Memoria deberá incluir:

a) Justificación de la necesidad de la instalación.

b) Indicación del emplazamiento de la instalación.

c) Descripción del conjunto de la instalación con indicación de las características principales de la misma, señalando que se cumplirá lo preceptuado en la reglamentación que le afecte.

2.2.2. Presupuesto

El documento Presupuesto deberá contener una valoración estimada del coste económico global del objeto del proyecto.

2.2.3. Planos

El documento Planos deberá incluir:

a) Plano de situación prevista, con escala suficiente para que el emplazamiento de la instalación quede perfectamente definido. En caso de no estar definido el emplazamiento definitivo, se presentarán planos con las opciones posibles.

b) Esquema unifilar simplificado del conjunto de la instalación, indicando, en su caso, las ampliaciones previstas, así como las instalaciones existentes y la potencia máxima prevista de la instalación.

c) Plano de planta general.

3. PROYECTO TÉCNICO ADMINISTRATIVO

3.1. Finalidad

El Proyecto técnico administrativo de una instalación de alta tensión tiene por finalidad la tramitación de la correspondiente autorización administrativa de construcción y registro por parte de la Administración pública competente y sirve asimismo como documento básico para la realización de la obra.

Las directrices fundamentales para la redacción del proyecto técnico-administrativo son las siguientes:

a) Exponer la finalidad de la instalación a ejecutar, justificando su necesidad o conveniencia.

b) Describir y definir el conjunto de la instalación, los elementos que la componen y sus características de funcionamiento y operación.

c) Evidenciar el cumplimiento de las prescripciones técnicas impuestas por el Reglamento sobre condiciones técnicas y garantías de seguridad en instalaciones eléctricas de alta tensión, por las normas de la ITC-RAT 02 y por las especificaciones particulares aprobadas de las empresas de transporte y distribución eléctrica que sean de aplicación.

d) Valoración clara y detallada de toda la instalación.

3.2. Documentos que comprende

El Proyecto técnico administrativo de una instalación eléctrica de alta tensión constará, en general, al menos de los documentos siguientes:

a) Memoria.

b) Pliego de condiciones técnicas.

c) Planos.

d) Otros estudios de aplicación.

Para la tramitación de una autorización administrativa, no será exigible la presentación del Pliego de Condiciones.

3.2.1. Memoria

La Memoria que incluirá todas las explicaciones e informaciones precisas para la correcta descripción de la obra y los cálculos justificativos generales, comprenderá:

a) Justificación de la necesidad de la instalación, en caso de solicitar su autorización, exponiendo la finalidad de la instalación eléctrica y justificando su necesidad o conveniencia.

b) Indicación del emplazamiento de la instalación, incluyendo las coordenadas geográficas.

c) Descripción de la instalación, señalando sus características, así como las de los principales elementos que se vayan a utilizar.

d) Los cálculos eléctricos y mecánicos correspondientes que justifiquen que el conjunto de la instalación y todos sus elementos cumplen con los requisitos reglamentarios sobre todo en lo que respecta a distancias, red de tierras y todos aquellos aspectos que pudieran llegar a comprometer la seguridad de personas e instalaciones.

e) Relación de normas de la ITC-RAT 02 y especificaciones particulares aprobadas aplicables de las empresas de producción, transporte y distribución de energía eléctrica, dando evidencia del cumplimiento de las mismas. Justificación de que en el conjunto de la instalación se cumple la normativa que se establece en este Reglamento sobre condiciones técnicas y garantías de seguridad en instalaciones eléctricas de alta tensión. Cuando se propongan soluciones que no cumplan exactamente las prescripciones del reglamento deberá efectuarse una justificación detallada de la solución propuesta.

f) Un capítulo de planificación, definiendo las diferentes etapas, metas o hitos a alcanzar.

g) Estudio de los campos magnéticos en la proximidad de instalaciones de alta tensión.

3.2.2. Pliego de Condiciones Técnicas

1. El Pliego de Condiciones Técnicas tiene como misión establecer las condiciones técnicas, económicas, administrativas y legales para que la instalación de alta tensión pueda ejecutarse en las condiciones especificadas, evitando posibles interpretaciones diferentes de las deseadas.

2. El Pliego de Condiciones Técnicas contendrá la información necesaria para definir los materiales, aparatos y equipos y su correcto montaje, e incluirá al menos:

a) Las especificaciones de los materiales y elementos constitutivos.

b) La reglamentación y la normativa aplicable.

3.2.3. Planos

El documento Planos deberá incluir:

a) Planos de situación incluyendo los accesos al lugar de la instalación, a escala suficiente para que el emplazamiento de la instalación quede perfectamente definido.

b) Esquema unifilar de la instalación con indicación de las características principales de los elementos fundamentales que la integran, e interconexión con la red de alta tensión, indicando en su caso, las ampliaciones previstas, así como las instalaciones existentes, y la potencia máxima prevista de la instalación.

c) Plano o planos generales en planta y alzado suficientemente amplios, a escalas, convenientes y con indicación de las cotas esenciales, poniendo de manifiesto el emplazamiento y la disposición de los edificios, máquinas, aparatos, red de tierras y conexiones principales.

3.2.4. Otros estudios de aplicación

Comprenderán, sin carácter limitativo, los relativos a la prevención de riesgos laborales.

4. PROYECTOS DE AMPLIACIONES Y MODIFICACIONES

La ampliación o modificación de una instalación de alta tensión requiere la presentación a la Administración pública competente de un proyecto de ampliación o modificación que recoja los conceptos que se indican en los capítulos 2 y 3 de esta instrucción, y en los que se justifique la necesidad de la ampliación o modificación en cuestión.

A tales efectos, no se consideran ampliaciones ni modificaciones:

a) Los trabajos que no provoquen obras o instalaciones nuevas o un cambio sustancial en las características técnicas de la instalación, (por ejemplo, sustituir cables o conductores, aparamenta o relés por otros de similares características).

b) La colocación de fusibles, aparamenta o relés, en espacios, celdas o cabinas vacías previstas y preparadas inicialmente para realizar la ampliación.

c) Los trabajos de reparación, ampliación o adecuación que afectan solamente a los circuitos de medida, mando, señalización o protección, o a los aparatos asociados correspondientes.

d) Los trabajos de reparación, ampliación o adecuación que afecten solamente a los servicios auxiliares de baja tensión de la instalación de alta tensión.

e) La sustitución de aparatos, máquinas o elementos por otros de características técnicas similares.

A efectos de este reglamento y de sus instrucciones técnicas complementarias, para los casos anteriormente citados, no se precisará presentación de proyecto. La persona titular de la instalación llevará un registro de todos los trabajos realizados, y enviará, al menos anualmente, al órgano competente de la Administración, una certificación de todas estas actuaciones que reflejen el estado final de la instalación.

5. PROYECTOS TIPO

Los Proyectos Tipo son manuales técnicos que establecen y justifican todos los datos técnicos necesarios para el diseño y cálculo de las instalaciones a las que se refiere este Reglamento sobre condiciones técnicas y garantías de seguridad en instalaciones eléctricas de alta tensión.

Cuando las empresas de transporte y distribución eléctrica dispongan de Proyectos Tipo para determinadas instalaciones, el proyecto técnico administrativo de las mismas complementará al Proyecto Tipo en todos los aspectos particulares de la instalación a ejecutar, en especial en lo relativo a la instalación de puesta a tierra.

El proyecto tipo contendrá al menos las siguientes partes:

a) Memoria justificativa de los procedimientos de cálculo empleados para cumplir las condiciones reglamentarias.

b) Pliego de condiciones.

c) Relación de planos a incluir en cada proyecto técnico administrativo de la instalación.

d) Estudio de seguridad y salud para prevención de riesgos laborales.

21

Instrucción Técnica Complementaria ITC-RAT 21

INSTALADORES Y EMPRESAS INSTALADORAS PARA INSTALACIONES DE ALTA TENSIÓN

Modificaciones publicadas por el Real Decreto 298/2021[1]

Índice

---

[1] Se han modificado los siguientes apartados de la ITC-RAT 21 según el Real Decreto 298/2021: Apartado 4, Apartado 5.2, Apartado 5.6, Apartado 5.8, Apartado 1 del Anexo 1, «Medios humanos» y el último párrafo del apartado 2.1 del Anexo I.

1. OBJETO

1.1. La presente instrucción técnica complementaria tiene por objeto desarrollar las previsiones del artículo 18 del Reglamento sobre condiciones técnicas y garantías de seguridad en instalaciones eléctricas de alta tensión, estableciendo las condiciones y requisitos que deben cumplir las empresas instaladoras en el ámbito de aplicación de dicho reglamento.

2. INSTALADOR Y EMPRESA INSTALADORA DE ALTA TENSIÓN

2.1. Instalador de alta tensión es la persona física que posee conocimientos teórico-prácticos de la tecnología de las instalaciones de alta tensión y de su normativa que le capacitan para el montaje, reparación, mantenimiento, revisión y desmontaje de las instalaciones de alta tensión correspondientes a su categoría, y que cumple los requisitos establecidos en el apartado 4 de esta ITC.

2.2. Empresa instaladora de alta tensión es toda persona física o jurídica que, ejerciendo las actividades de montaje, reparación, mantenimiento, revisión y desmontaje de instalaciones de alta tensión cumple los requisitos de esta instrucción técnica complementaria.

3. CLASIFICACIÓN DE LOS INSTALADORES Y DE LAS EMPRESAS INSTALADORAS DE ALTA TENSIÓN

Los instaladores y empresas instaladoras de alta tensión se clasifican en las siguientes categorías:

- T1: para instalaciones eléctricas de alta tensión cuya tensión nominal no exceda de 30kV.
- AT2: para instalaciones eléctricas de alta tensión sin límite de tensión.

En la declaración responsable de la empresa instaladora deberá constar expresamente la categoría en la que puede ejercer su actividad.

4. INSTALADOR DE ALTA TENSIÓN. REQUISITOS

Los conocimientos mínimos que debe tener un instalador de alta tensión están definidos en el anexo 2 de esta ITC. Los criterios y contenidos del mismo podrán ser actualizados periódicamente, a propuesta de instaladores, empresas instaladoras, distribuidoras, comercializadoras u operadoras y corporaciones que representen a los profesionales, titulares, técnicos, entidades de evaluación, así como por la Administración pública competente en materia de instalaciones eléctricas, para adaptarse a los avances tecnológicos.

El instalador de alta tensión deberá desarrollar su actividad en el seno de una empresa instaladora de alta tensión habilitada y deberá cumplir y poder acreditar ante la Administración pública competente cuando esta así lo requiera en el ejercicio de sus facultades de control, y para la categoría que corresponda, de las establecidas en el apartado 3 anterior, alguna de las siguientes situaciones:

a) Disponer de un título universitario cuyo ámbito competencial, atribuciones legales o plan de estudios cubra las materias objeto del Reglamento sobre condiciones técnicas y garantías de seguridad en instalaciones eléctricas de alta tensión, aprobado por el Real Decreto 337/2014, de 9 de mayo, y de sus instrucciones técnicas complementarias.

b) Disponer de un título de formación profesional o de un certificado de profesionalidad incluido en el Repertorio Nacional de Certificados de Profesionalidad, cuyo ámbito competencial incluya las materias objeto del Reglamento sobre condiciones técnicas y garantías de seguridad en instalaciones eléctricas de alta tensión, aprobado por el Real Decreto 337/2014, de 9 de mayo, y de sus instrucciones técnicas complementarias.

c) Tener reconocida una competencia profesional adquirida por experiencia laboral, de acuerdo con lo estipulado en el Real Decreto 1224/2009, de 17 de julio, de reconocimiento de las competencias profesionales adquiridas por experiencia laboral, en las materias objeto del Reglamento sobre condiciones técnicas y garantías de seguridad en instalaciones eléctricas de alta tensión, aprobado por el Real Decreto 337/2014, de 9 de mayo, y de sus instrucciones técnicas complementarias.

d) Tener reconocida la cualificación profesional de instalador de alta tensión adquirida en otro u otros Estados miembros de la Unión Europea, de acuerdo con lo establecido en el Real Decreto 581/2017, de 9 de junio, por el que se incorpora al ordenamiento jurídico español la Directiva 2013/55/UE del Parlamento Europeo y del Consejo, de 20 de noviembre de 2013, por la que se modifica la Directiva 2005/36/ CE relativa al reconocimiento de cualificaciones profesionales y el Reglamento (UE) n.º 1024/2012 relativo a la cooperación administrativa a través del Sistema de Información del Mercado Interior (Reglamento IMI).

e) Poseer una certificación otorgada por entidad acreditada para la certificación de personas por ENAC o cualquier otro Organismo Nacional de Acreditación designado de acuerdo a lo establecido en el Reglamento (CE) n.º 765/2008 del Parlamento Europeo y del Consejo, de 9 de julio de 2008, por el que se establecen los requisitos de acreditación y vigilancia del mercado relativos a la comercialización de los productos y por el que se deroga el Reglamento (CEE) n.º 339/93, de acuerdo a la norma UNE-EN ISO/IEC 17024.

Todas las entidades acreditadas para la certificación de personas que quieran otorgar estas certificaciones deberán incluir en su esquema de certificación un sistema de evaluación que incluya los contenidos mínimos que se indican en el anexo 2 de esta instrucción técnica complementaria.

Cualquiera de las situaciones o titulaciones previstas (título universitario, título de formación profesional, experiencia laboral reconocida o certificación otorgada por entidad acreditada) son válidas indistintamente para las categorías AT1 y AT2, en función de los conocimientos acreditados.

De acuerdo con la Ley 17/2009, de 23 de noviembre, sobre el libre acceso a las actividades de servicios y su ejercicio, el personal habilitado por una Comunidad Autónoma podrá ejecutar esta actividad dentro de una empresa instaladora en todo el territorio español, sin que puedan imponerse requisitos o condiciones adicionales

5. EMPRESA INSTALADORA DE ALTA TENSIÓN. REQUISITOS

5.1. Antes de comenzar sus actividades como empresas instaladoras de alta tensión, las personas físicas o jurídicas que deseen establecerse en España deberán presentar ante el órgano competente de la comunidad autónoma en la que se establezcan una declaración responsable en la que el titular de la empresa o el representante legal de la misma declare para qué categoría va a desempeñar la actividad, que cumple los requisitos que se exigen por esta ITC, que dispone de la documentación que así lo acredita, que se compromete a mantenerlos durante la vigencia de la actividad y que se responsabiliza de que la ejecución de las instalaciones se efectúa de acuerdo con las normas y requisitos que se establecen en el Reglamento sobre condiciones técnicas y garantías de seguridad en instalaciones eléctricas de alta tensión y sus respectivas instrucciones técnicas complementarias.

5.2. Las empresas instaladoras de alta tensión legalmente establecidas para el ejercicio de esta actividad en cualquier otro Estado miembro de la Unión Europea que deseen realizar la actividad en régimen de libre prestación en territorio español, deberán presentar, previo al inicio de la misma, ante el órgano competente de la comunidad autónoma donde deseen comenzar su actividad, una declaración responsable en la que el titular de la empresa o el representante legal de la misma declare para qué categoría va a desempeñar la actividad, que cumple los requisitos que se exigen por esta instrucción técnica complementaria, que dispone de la documentación que así lo acredita, que se compromete a mantenerlos durante la vigencia de la actividad y que se responsabiliza de que la ejecución de las instalaciones se efectúa de acuerdo con las normas y requisitos que se establecen en el Reglamento sobre condiciones técnicas y garantías de seguridad en instalaciones eléctricas de alta tensión y sus respectivas instrucciones técnicas complementarias.

Para la acreditación del cumplimiento del requisito de personal cualificado la declaración deberá hacer constar que la empresa dispone de la documentación que acredita la capacitación del personal afectado, de acuerdo con la normativa del país de establecimiento y conforme a lo previsto en la normativa de la Unión Europea sobre reconocimiento de cualificaciones profesionales, aplicada en España mediante el Real Decreto 581/2017, de 9 de junio. La autoridad competente podrá verificar esa capacidad con arreglo a lo dispuesto en el artículo 15 del citado real decreto.

5.3. Las Comunidades Autónomas deberán posibilitar que la declaración responsable sea realizada por medios electrónicos.

No se podrá exigir la presentación de documentación acreditativa del cumplimiento de los requisitos junto con la declaración responsable. No obstante, esta documentación deberá estar disponible para su presentación inmediata ante la Administración Pública competente cuando esta así lo requiera en el ejercicio de sus facultades de inspección, comprobación y control.

5.4. El órgano competente de la Comunidad Autónoma, asignará, de oficio, un número de identificación a la empresa y remitirá los datos necesarios para su inclusión en el Registro Integrado Industrial, aprobado por Real Decreto 559/2010, de 7 de mayo.

5.5. De acuerdo con la Ley 21/1992, de 16 de julio, de Industria, la declaración responsable habilita por tiempo indefinido a la empresa instaladora, desde el momento de su presentación ante la Administración Pública competente, para el ejercicio de la actividad en todo el territorio español, sin que puedan imponerse requisitos o condiciones adicionales.

5.6. Al amparo de lo previsto en el apartado 3 del artículo 69 de la Ley 39/2015, de 1 de octubre, del Procedimiento Administrativo Común de las Administraciones Públicas, la Administración competente podrá regular un procedimiento para comprobar a posteriori lo declarado por el interesado.

En todo caso, la no presentación de la declaración, así como la inexactitud, falsedad u omisión, de carácter esencial, de datos o manifestaciones que deban figurar en dicha declaración habilitará a la Administración competente para dictar resolución, que deberá ser motivada y previa audiencia del interesado, por la que se declare la imposibilidad de seguir ejerciendo la actividad, sin perjuicio de las responsabilidades que pudieran derivarse de las actuaciones realizadas, y de la aplicación del régimen sancionador previsto en la Ley 21/1992, de 16 de julio, de Industria

5.7. Cualquier hecho que suponga modificación de alguno de los datos incluidos en la declaración originaria, así como el cese de las actividades, deberá ser comunicado por el interesado al órgano competente de la comunidad autónoma donde presentó la declaración responsable en el plazo de un mes.

5.8. Las empresas instaladoras cumplirán lo siguiente:

a) Disponer de la documentación que identifique a la empresa instaladora, que en el caso de persona jurídica deberá estar constituida legalmente.

b) Contar con los medios técnicos y humanos necesarios para realizar su actividad en condiciones de seguridad, que, como mínimo serán los que se determinan en el anexo I de esta instrucción técnica complementaria.

c) Tener suscrito seguro de responsabilidad civil profesional u otra garantía equivalente que cubra los daños que puedan provocar en la prestación del servicio por una cuantía mínima de 1.000.000 de euros por siniestro. Esta cuantía mínima se actualizará por orden de la persona titular del Ministerio de Industria, Comercio y Turismo, siempre que sea necesario para mantener la equivalencia económica de la garantía y previo informe de la Comisión Delegada del Gobierno para Asuntos Económicos.

5.9. La empresa instaladora habilitada no podrá facilitar, ceder o enajenar certificados de instalación no realizadas por ella misma.

5.10. El incumplimiento de los requisitos y normas exigidos para el ejercicio de la actividad, una vez verificado y declarado por la autoridad competente mediante resolución motivada y previa audiencia del interesado, conllevará el cese automático de la actividad, salvo que pueda incoarse un expediente de subsanación del incumplimiento y sin perjuicio de las responsabilidades que pudieran derivarse de las actuaciones realizadas.

5.11. La comunidad autónoma dará traslado inmediato al Ministerio de Industria, Energía y Turismo de la inhabilitación temporal, las modificaciones y el cese de la actividad a los que se refieren los apartados precedentes para la actualización de los datos en el Registro Integrado Industrial regulado en el título IV de la Ley 21/1992, de 16 de julio, de Industria, tal y como lo establece su normativa reglamentaria de desarrollo.

6. OBLIGACIONES DE LAS EMPRESAS INSTALADORAS HABILITADAS

Las empresas instaladoras habilitadas deben, en sus respectivas categorías:

a) Ejecutar, modificar, ampliar, mantener, reparar o desmontar las instalaciones que les sean adjudicadas o confiadas, de conformidad con la normativa vigente y con el proyecto de ejecución de la instalación, utilizando materiales y equipos que sean conformes a la legislación que les sea aplicable.

b) Comprobar que cada instalación ejecutada supera las pruebas y ensayos reglamentarios aplicables.

c) Realizar las operaciones de revisión y mantenimiento que tengan encomendadas, en la forma y plazos previstos.

d) Una vez finalizados los trabajos emitir los certificados de instalación o mantenimiento, en su caso.

e) Notificar a la Administración Pública competente los posibles incumplimientos reglamentarios de materiales o instalaciones, que observasen en el desempeño de su actividad. En caso de riesgo grave e inminente, darán cuenta inmediata de ello al propietario de la instalación y a la entidad de transporte o distribución, y pondrá la circunstancia en conocimiento de la Administración Pública competente en el plazo máximo de 24 horas.

f) Asistir a las inspecciones realizadas por el organismo de control, o las realizadas de oficio por la Administración Pública competente, cuando éste así lo requiera. En ningún caso esta asistencia supondrá la realización de las operaciones de inspección, medición y control por parte del instalador.

g) Mantener al día un registro de las instalaciones ejecutadas o mantenidas.

h) Informar a la Administración Pública competente sobre los accidentes ocurridos en las instalaciones a su cargo.

i) Conservar a disposición de la Administración Pública, copia de los contratos de mantenimiento al menos durante los cinco años inmediatos posteriores a la finalización de los mismos.

ANEXO 1

MEDIOS MÍNIMOS, TÉCNICOS Y HUMANOS, REQUERIDOS PARA LAS EMPRESAS INSTALADORAS PARA INSTALACIONES DE ALTA TENSIÓN

1. Medios humanos

Contar con el personal contratado necesario para realizar la actividad en condiciones de seguridad, en número suficiente y durante el tiempo necesario para atender las instalaciones que tengan contratadas, con un mínimo de una persona instaladora de instalaciones de alta tensión de categoría igual o superior a la categoría de la empresa instaladora.

Se entenderá satisfecho el requisito del párrafo anterior cuando el referido personal necesario para realizar la actividad esté contratado a través de cualquiera de las modalidades contractuales permitidas en derecho.

2. Medios técnicos

2.1. Equipos

Las empresas instaladoras deberán disponer de los siguientes equipos mínimos.

2.1.1. Equipos necesarios para cualquier categoría

Para cualquier categoría se dispondrá de un grupo electrógeno de potencia mínima de 5 kVA, así como llaves dinamométricas para asegurar los pares de apriete de las conexiones.

2.1.1.1. Telurómetro.

2.1.1.2. Medidor de aislamiento de, al menos, 10 kV.

2.1.1.3. Pértiga detectora de la tensión correspondiente a la categoría solicitada.

2.1.1.4. Pértigas de puesta a tierra y en **cortocircuito**.

2.1.1.5. Multímetro o **tenaza**, para las siguientes magnitudes:

- Tensión alterna y continua hasta 500 V.

- Intensidad alterna y continua hasta 20 A.

- Resistencia.

2.1.1.6. Miliohmímetro con fuente de intensidad de continua de 50 A.

2.1.1.7. Medidor de tensiones de paso y contacto con fuente de intensidad de 5 A para instalaciones de tercera categoría y con fuente de **intensidad** de 50 A para instalaciones de categoría superior.

2.1.1.8. Cámara de termografía.

2.1.1.9 Equipo verificador de la continuidad de conductores.

2.1.2. Equipos complementarios para la categoría AT2

2.1.2.1. Sistema de medida de la corriente de excitación y pérdidas en vacío de transformadores de potencia.

2.1.2.2. Equipo medidor de relación de transformación y desfase.

2.1.2.3. Medidor **de** capacidad y tangente de delta en transformadores.

2.1.2.4. Medidor de rigidez dieléctrica de aislantes líquidos.

2.1.2.5. Medidor de **tiempos** de cierre y apertura de interruptores automáticos.

Para ciertas verificaciones, podrían ser necesarios otros equipos de ensayo y medida, en cuyo caso podrán ser subcontratadas a empresas especializadas o a laboratorios acreditados según la UNE-EN-ISO/IEC 17025.

En cualquier caso, los equipos se mantendrán en correcto estado de funcionamiento y calibración.

2.2. Herramientas, equipos y medios de protección individual

Estarán de acuerdo con la normativa vigente y las necesidades de la instalación.

ANEXO 2

CONOCIMIENTOS MÍNIMOS NECESARIOS PARA LOS INSTALADORES DE ALTA TENSIÓN

A) Categoría AT1

A1) Conocimientos teóricos

1. Interpretación de planos y esquemas.

   1.1. Plano de alzado y planta de la instalación.

   1.2. Esquemas unifilares.

   1.3. Planos de detalles de los componentes de la instalación (transformadores, celdas, etc.).

2. Distancias de aislamiento y pasillos de seguridad.

3. Relación de legislación vigente (estatal y autonómica) sobre impacto ambiental de instalaciones de alta tensión.

4. Exigencias para los equipos y materiales utilizados en centros de transformación, centros de reparto y otras instalaciones de tercera categoría.

5. Seguridad para trabajos en instalaciones de alta tensión de tercera categoría.

   5.1. Normativa y reglamentación vigente para prevención del riesgo eléctrico en trabajos realizados en instalaciones eléctricas.

   5.2. Factores y situaciones de riesgo, incluso de origen no eléctrico.

   5.3. Utilización de medios y equipos de protección individual. Procedimientos prevención de riesgos laborales en trabajos con riesgo eléctrico.

   5.4. Técnicas de primeros auxilios.

6. Protecciones de transformadores, motores, generadores y líneas de tercera categoría.

A2) Conocimientos prácticos

1. Montaje y puesta en servicio de Instalaciones de alta tensión de tercera categoría.

2. Verificación, mantenimiento y reparación de instalaciones de alta tensión de tercera categoría.

   2.1. Tipos de subestaciones según su esquema unifilar, ubicación y tecnología de aislamiento. Interpretación de esquemas unifilares.

   2.2. Plano de alzado y planta de la instalación.

   2.3. Planos de detalles de los componentes de la instalación (transformadores de potencia, transformadores de medida y protección, aparamenta, pararrayos, celdas, GIS, etc.

3. Manejo aparatos de medida y herramientas.

   3.1. Herramientas utilizadas en instalaciones eléctricas de alta tensión: tipos y manejo.

   3.2. Manejo de aparatos de medida de magnitudes eléctricas (telurómetros, megóhmetros, medidores de baja resistencia, medidores tensiones de paso y contacto).

B) Categoría AT2

B1) Conocimientos teóricos

1. Interpretación de planos y esquemas.

   1.1. Tipos de subestaciones según su esquema unifilar, ubicación y tecnología de aislamiento. Interpretación de esquemas unifilares.

   1.2. Plano de alzado y planta de la instalación.

   1.3. Planos de detalles de los componentes de la instalación (transformadores de potencia, transformadores de medida y protección, aparamenta, pararrayos, celdas, GIS, etc.).

2. Distancias de aislamiento, pasillos, y zonas de protección para subestaciones con aislamiento al aire.

3. Relación de legislación vigente (estatal y autonómica) sobre impacto ambiental de instalaciones de alta tensión.

4. Exigencias para los equipos y materiales utilizados en subestaciones o instalaciones de categoría superior a la tercera categoría.

5. Seguridad en las instalaciones de alta tensión.

5.1. Normativa y reglamentación vigente para prevención del riesgo eléctrico en trabajos realizados en instalaciones eléctricas.

5.2. Técnicas de trabajos sin tensión, en proximidad y en tensión.

5.3. Factores y situaciones de riesgo, incluso de origen no eléctrico.

5.4. Utilización de medios y equipos de protección individual. Procedimientos prevención de riesgos laborales en trabajos con riesgo eléctrico.

5.5. Técnicas de primeros auxilios.

6. Protecciones de transformadores de potencia, reactancias, líneas, GIS, protección de barras, etc.

B2) Conocimientos prácticos

1. Montaje y puesta en servicio de Instalaciones de alta tensión.

2. Verificación, mantenimiento y reparación de instalaciones de alta tensión.

2.1. Verificación de instalaciones de acuerdo a la normativa vigente: verificación inicial y periódica de instalaciones realizando los ensayos necesarios.

2.2. Prueba dieléctrica de subestaciones y medida de descargas parciales.

2.3. Técnicas predictivas para evaluar el estado de los transformadores de potencia.

2.4. Mantenimiento y reparación de instalaciones, delimitando la zona de trabajo y colocando las tierras de protección correspondientes.

2.5. Mantenimiento o reparación de la aparamenta de maniobra y protección instalada.

2.6. Gestión de maniobras, solicitando los descargos y reposiciones correspondientes, para realizar los trabajos de mantenimiento y reparación correspondientes.

3. Manejo aparatos de medida y herramientas

3.1. Herramientas utilizadas en instalaciones eléctricas de alta tensión: tipos y manejo.

3.2. Manejo de sistemas de medida para ensayo predictivo de transformadores de potencia.

3.3. Manejo de aparatos de medida de magnitudes eléctricas (telurómetros, megóhmetros, medidores de baja resistencia, medidores tensiones de paso y contacto).

22

Instrucción Técnica Complementaria
ITC-RAT 22

DOCUMENTACIÓN Y PUESTA EN SERVICIO DE LAS INSTALACIONES DE ALTA TENSIÓN

Índice

1. OBJETO

La presente Instrucción tiene por objeto desarrollar las prescripciones del Reglamento sobre condiciones técnicas y garantías de seguridad en instalaciones eléctricas de alta tensión, determinando la documentación técnica que deben tener las instalaciones para ser legalmente puestas en servicio, así como su tramitación ante el órgano competente de la Administración Pública competente.

2. DOCUMENTACIÓN DE LAS INSTALACIONES ELÉCTRICAS

Las instalaciones en el ámbito de aplicación del Reglamento sobre condiciones técnicas y garantías de seguridad en instalaciones eléctricas de alta tensión, deben ejecutarse según proyecto que deberá ser redactado y firmado por técnico titulado competente, quien será directamente responsable de que el mismo se adapte a las disposiciones reglamentarias que correspondan y a las especificaciones particulares aprobadas a la entidad de transporte y distribución a la que se conecte.

Cuando se prevea que la instalación vaya a ser cedidas a empresas de transporte o distribución de energía eléctrica el autor del proyecto podrá remitirlo a la misma para su revisión previa a la ejecución de la instalación. En el caso de que se produzca dicha remisión, la empresa de transporte o distribución tendrá la responsabilidad de revisar el proyecto con objeto de asegurar la correcta adaptación a las condiciones de explotación de su red. La revisión se realizará el plazo más breve posible, y en caso de discrepancias entre las partes afectadas se atenderá a lo que resuelva la Administración Pública competente que intervenga en el procedimiento.

El contenido del proyecto seguirá lo indicado en la ITC-RAT 20.

3. DOCUMENTACIÓN Y PUESTA EN SERVICIO DE LAS INSTALACIONES ELÉCTRICAS PROPIEDAD DE EMPRESAS DE PRODUCCIÓN, TRANSPORTE Y DISTRIBUCIÓN DE ENERGÍA ELÉCTRICA

La construcción, ampliación, modificación y explotación de las instalaciones eléctricas de alta tensión propiedad de entidades de producción, transporte y distribución de energía eléctrica se condicionará al procedimiento de autorización establecido por la legislación sectorial vigente sin perjuicio de las disposiciones autonómicas en esta materia.

Deberá elaborarse previamente a la ejecución un proyecto que defina las características de la instalación, según determina la ITC-RAT 20. La ejecución de las instalaciones deberá contar con la dirección de uno o varios técnicos facultativos competentes.

Al término de la ejecución de la instalación, la entidad titular de la instalación realizará las verificaciones previas a la puesta en servicio que resulten oportunas, en función de las características de aquélla, según se especifica en la ITC-RAT 23.

Asimismo, finalizadas las obras, un técnico titulado competente deberá emitir un certificado final de obra, según modelo establecido por la Administración Pública competente, que deberá comprender, al menos, lo siguiente:

a) Los datos referentes a las principales características técnicas de la instalación según el proyecto aprobado, documentando, en su caso, las variaciones en la obra ejecutada respecto del proyecto.

b) Informe técnico con resultado favorable de las verificaciones previas a la puesta en servicio, realizado por la empresa de producción, transporte y distribución de energía eléctrica, según se especifica en la ITC-RAT 23.

c) Declaración expresa de que la instalación ha sido ejecutada de acuerdo con las prescripciones del presente Reglamento sobre condiciones técnicas y garantías de seguridad en instalaciones eléctricas de alta tensión y sus Instrucciones Técnicas Complementarias y, en su caso, con las especificaciones particulares aprobadas a la entidad de producción, transporte y distribución de energía eléctrica.

d) Copia de las correspondientes declaraciones de conformidad de los componentes de la instalación que estén obligados a ello según se establece en la ITC- RAT 03.

e) Identificación en su caso de la empresa instaladora responsable de la ejecución de la instalación.

La empresa de producción, transporte o distribución de energía eléctrica será la responsable de mantener la instalación en el debido estado de conservación y funcionamiento.

Las empresas de producción de energía eléctrica de origen eólico o solar de potencia menor de 100 MVA deberán presentar para la puesta en servicio de sus instalaciones certificado de instalación, contrato de mantenimiento y certificado de inspección inicial realizado por organismo de control.

4. DOCUMENTACIÓN Y PUESTA EN SERVICIO DE LAS INSTALACIONES ELÉCTRICAS QUE NO SEAN PROPIEDAD DE ENTIDADES DE PRODUCCIÓN, TRANSPORTE Y DISTRIBUCIÓN DE ENERGÍA ELÉCTRICA

La construcción, ampliación, modificación y explotación de las instalaciones que no sean propiedad de entidades de producción, transporte y distribución de energía eléctrica, correspondientes a instalaciones de producción cuyo aprovechamiento afecte a más de una comunidad autónoma, líneas directas, de evacuación y las acometidas de tensión superior a 1 kV se condicionará al procedimiento de autorización establecido por la legislación sectorial vigente sin perjuicio de las disposiciones autonómicas en esta materia.

Las instalaciones eléctricas de alta tensión que no sean propiedad de entidades de producción, transporte y distribución de energía eléctrica, y que no vayan a ser cedidas estarán sujetas al procedimiento de puesta en servicio descrito en este apartado, no siendo necesaria la autorización administrativa.

Todas las instalaciones que no sean propiedad de entidades de producción, transporte y distribución de energía eléctrica deben ser ejecutadas por empresas instaladoras a las que se refiere la ITC-RAT 21.

Deberá elaborarse previamente a la ejecución un proyecto que defina las características de la instalación, según determina la ITC-RAT 20. La ejecución de las instalaciones deberá contar con la dirección de uno o varios técnicos titulados competentes.

Si, en el curso de la ejecución de la instalación, la empresa instaladora considerase que el proyecto no se ajusta a lo establecido en el Reglamento sobre condiciones técnicas y garantías de seguridad en instalaciones eléctricas de alta tensión, deberá, por escrito, poner tal circunstancia en conocimiento del director de obra, y del titular. Si no hubiera acuerdo entre las partes se someterá la cuestión a la Administración Pública competente, para que ésta resuelva en el plazo de un mes.

Al término de la ejecución de la instalación, la empresa instaladora realizará las verificaciones que resulten oportunas, en función de las características de aquélla, según se especifica en la ITC-RAT 23, contando para ello con el técnico director de obra a fin de comprobar su correcta ejecución y funcionamiento seguro.

Las instalaciones de tensión nominal superior a 30 kV deberán ser objeto de la correspondiente Inspección Inicial por Organismo de Control, según lo establecido en la ITC-RAT 23.

Finalizadas las obras y realizadas las verificaciones e inspección inicial a que se refieren los párrafos anteriores, la empresa instaladora deberá emitir un Certificado de Instalación, según modelo establecido por la Administración Pública competente, que deberá comprender, al menos, lo siguiente:

a) Los datos referentes a las principales características técnicas de la instalación según el proyecto, documentando, en su caso, las variaciones en la obra ejecutada respecto del proyecto.

b) Informe técnico con resultado favorable, de las verificaciones previas a la puesta en servicio, realizado según se especifica en la ITC-RAT 23. Cuando proceda, la referencia del certificado del organismo de control que hubiera realizado, con calificación de resultado favorable, la inspección inicial.

c) Declaración expresa de que la instalación ha sido ejecutada de acuerdo con el proyecto, con las prescripciones del Reglamento sobre condiciones técnicas y garantías de seguridad en instalaciones eléctricas de alta tensión y sus instrucciones técnicas complementarias, y, cuando se prevea que las instalaciones vayan a ser cedidas a empresas de transporte y distribución de energía eléctrica, con las especificaciones particulares aprobadas a la empresa de transporte y distribución de energía eléctrica. En su caso identificará y justificará las variaciones que en la ejecución se hayan producido con relación a lo previsto en el proyecto.

d) Copia de las correspondientes declaraciones de conformidad de los componentes de la instalación que estén obligados a ello según se establece en la ITC-RAT 03.

e) Identificación de la empresa instaladora responsable de la ejecución de la instalación.

El propietario de la instalación deberá suscribir, antes de su puesta en marcha, un contrato de mantenimiento suscrito con una empresa instaladora para instalaciones de alta tensión, en el que se haga responsable de mantener la instalación en el debido estado de conservación y funcionamiento. Este contrato o uno similar suscrito posteriormente con otra empresa instaladora deberá mantenerse en vigor mientras que la instalación esté en servicio. Si el propietario de la instalación, a juicio de la Administración Pública competente, dispone de los medios y organización necesarios para efectuar su propio mantenimiento, y asume su ejecución y la responsabilidad del mismo, será eximido de su contratación. Los medios humanos y técnicos necesarios serán los indicados en el Anexo 1 de la ITC-RAT 21.

Antes de la puesta en servicio de la instalación, el titular de la misma deberá presentar ante la Administración Pública competente, al objeto de su inscripción en el correspondiente registro, el certificado de instalación, al que se acompañará el proyecto, así como el certificado final de obra firmado por el correspondiente técnico titulado competente, el certificado acreditativo de la existencia de un contrato de mantenimiento suscrito con una empresa instaladora para instalaciones de alta tensión o el compromiso de realizarlo con medios propios y, en su caso, el certificado de inspección inicial, con calificación de resultado favorable, del organismo de control, en el plazo de un mes desde la fecha del certificado final de obra o en su caso de la inspección inicial.

Cuando el titular de la instalación solicite el enganche a la red de transporte o distribución, deberá entregar el correspondiente ejemplar del certificado de instalación y en su caso, el resguardo acreditativo de la presentación de la solicitud de la autorización administrativa. En este caso la entidad de transporte o distribución podrá solicitar al titular de la instalación un informe de las verificaciones realizadas por la empresa instaladora según lo previsto en la ITC-RAT 23, en lo que se refiere al cumplimiento de las prescripciones del Reglamento sobre condiciones técnicas y garantías de seguridad en instalaciones eléctricas de alta tensión y sus instrucciones técnicas complementarias, así como del proyecto, y, cuando corresponda, de sus especificaciones particulares, como requisito previo para la conexión de la instalación a la red eléctrica.

Si las verificaciones no son completas o los resultados no son favorables, la entidad de transporte o distribución podrá denegar provisionalmente la conexión a la red, mediante un acta en la que consten las deficiencias detectadas, la cual deberá ser firmada por el titular de la instalación, dándose por enterado. El resultado del acta se pondrá en conocimiento de la Administración Pública competente, en el plazo de un mes, para que determine lo que proceda.

Solo se admitirá la conexión provisional de la instalación en la red antes de su inscripción, para realizar las pruebas y verificaciones previas necesarias y siempre bajo la responsabilidad de la empresa instaladora.

5. DOCUMENTACIÓN Y PUESTA EN SERVICIO DE INSTALACIONES ELÉCTRICAS QUE VAYAN A SER CEDIDAS A ENTIDADES DE TRANSPORTE Y DISTRIBUCIÓN DE ENERGÍA ELÉCTRICA

Las instalaciones promovidas por terceros, que vayan a ser cedidas antes de su puesta en servicio, y, por tanto, vayan a formar parte de la red de transporte y distribución, deberán someterse al procedimiento de autorización establecido por la legislación sectorial vigente sin perjuicio de las disposiciones autonómicas en esta materia.

Deberá elaborarse, previamente a la ejecución, un proyecto que defina las características de la instalación, según determina la ITC-RAT 20 y que deberá tener en cuenta las especificaciones particulares aprobadas y en vigor de la empresa producción, transporte o distribución de energía eléctrica.

Al término de la ejecución de la instalación, la empresa instaladora realizará las verificaciones que resulten oportunas, en función de las características de aquella, según se especifica en la ITC-RAT 23, contando para ello con el técnico director de obra a fin de comprobar su correcta ejecución y funcionamiento seguro.

Para su puesta en servicio deberán presentar la documentación prevista en el apartado 4 de esta ITC-RAT 22, con la salvedad de que, para poder emitir el acta de puesta en servicio y autorización de explotación por parte de la Administración Pública competente, se debe aportar el contrato de cesión entre promotor y entidad de transporte y distribución de energía eléctrica, pero no se requerirá contrato de mantenimiento.

Antes de la cesión, la entidad podrá solicitar las verificaciones que considere oportunas, en lo que se refiere al cumplimiento de las prescripciones del Reglamento sobre condiciones técnicas y garantías de seguridad en instalaciones eléctricas de alta tensión y sus instrucciones técnicas complementarias, y, cuando corresponda, de sus especificaciones particulares, como requisito previo para la aceptación de la instalación, antes de la conexión a su red eléctrica. La entidad aceptará por escrito la cesión de la titularidad de la instalación cedida.

Si los resultados de las verificaciones no son favorables, la entidad deberá extender un Acta, en la que conste el resultado de las comprobaciones, la cual deberá ser firmada igualmente por el director de obra y el titular de la instalación, dándose por enterados. Dicha Acta en el plazo de un mes, se pondrá en conocimiento de la Administración Pública competente, quien determinará lo que proceda.

23

Instrucción Técnica Complementaria
ITC-RAT 23 Y GUÍA RAT 23[1]

VERIFICACIONES E INSPECCIONES

Edición: octubre 2016 Revisión: 1

Índice

---

[1] El texto correspondiente a la Guía Técnica de Aplicación GUÍA RAT 23 aparece en recuadros para diferenciarlo del texto de la Instrucción Técnica Complementaria ITC-RAT 23.

1. PRESCRIPCIONES GENERALES

La presente instrucción tiene por objeto desarrollar las previsiones del Reglamento sobre condiciones técnicas y garantías de seguridad en instalaciones eléctricas de alta tensión, en relación con las verificaciones e inspecciones previas a la puesta en servicio, o periódicas de las instalaciones eléctricas de alta tensión.

Serán incluso objeto de verificaciones o inspecciones las instalaciones que se encuentren fuera de servicio sin haber sido desmanteladas, con objeto de revisar el seccionamiento que garantiza la situación de fuera de servicio y garantizar que no se encuentran en un estado de abandono que comprometa la seguridad de las personas o de los bienes.

Las entidades de producción, transporte o distribución que realicen actividades de verificación y los organismos de control que realicen actividades de inspección deberán disponer de los mismos medios técnicos indicados en el anexo I de esta instrucción.

La ITC-RAT 23 establece el régimen de controles (verificaciones e inspecciones) que deben realizarse a las instalaciones de AT, en función de sus características, por los agentes que se indican en cada caso.

En la tabla 1 se resumen los distintos casos que se contemplan en esta ITC.

Tabla 1. Resumen de verificaciones e inspecciones

Tipos de instalaciones de AT		Controles (Verificaciones o Inspecciones)	
Propietario	U_n	Control inicial	Control cada 3 años
EPTD	Cualquiera	$V_{EPTD\,(1)}$	V_{EPTD} (2)
No EPTD	≤ 30 kV	V_{EI} (3)	I_{OC} (4)
	> 30 kV	V_{EI} (3) $+ I_{OC}$ (4)	I_{OC} (4)
Para ceder a EPTD	≤ 30 kV	V_{EI} (3) $+ C_{EPTD}$(5)	V_{EPTD} (2) (6)
	> 30 kV	$V_{EI + I_{OC}}$ (3) $+ C_{EPTD}$(5)	V_{EPTD} (2) (6)

I	=	Inspección
V	=	Verificación
C	=	Comprobación
EPTD	=	Empresa de producción, transporte y distribución (con personal propio o empresa instaladora habilitada mandatada de la EPTD, según artículo 17);
AP	=	Administración Pública
EI	=	Empresa Instaladora
OC	=	Organismo de Control

(1) Si la EPTD contrata la ejecución de una instalación a una EI, las verificaciones iniciales podrán ser realizadas por la EI, junto con el director de obra.

(2) Las verificaciones pueden sustituirse por planes de actuación concertados con la AP que garanticen un mantenimiento adecuado de la instalación.

(3) Verificación inicial por EI que ejecute la obra, contando con Director de Obra (Apartado 3 de ITC-RAT23)

(4) El OC debe ser asistido por la empresa instaladora o mantenedora, según se trate de inspección inicial o periódica, respectivamente.

(5) Comprobación realizada por la EPTD a fin de comprobar que las instalaciones cumplen las especificaciones particulares de la EPTD aprobadas por la AP y vigentes en el momento de la cesión.

(6) Las instalaciones una vez cedidas a las EPTD estarán sujetas al mismo régimen de verificación periódica que las instalaciones propiedad de las EPTD

Según el artículo 2 del RAT aprobado por el RD 337/2014, este Reglamento se aplica también " a las instalaciones existentes antes de su entrada en vigor, en lo referente al régimen de inspecciones que se establecen en el reglamento sobre periodicidad y agentes intervinientes, si bien los criterios técnicos aplicables en dichas inspecciones serán los correspondientes a la reglamentación con la que se aprobaron". En este sentido cabe entender que el régimen de inspecciones se refiere tanto a las inspecciones propiamente dichas como a las verificaciones que las sustituyen en caso de instalaciones propiedad de empresas eléctricas. Como resultado de la verificación habrá que elaborar la correspondiente acta de verificación.

2. VERIFICACIÓN E INSPECCIÓN DE LAS INSTALACIONES ELÉCTRICAS PROPIEDAD DE ENTIDADES DE PRODUCCIÓN, TRANSPORTE Y DISTRIBUCIÓN DE ENERGÍA ELÉCTRICA

2.1. Verificación

Las verificaciones previas a la puesta en servicio de las instalaciones eléctricas de alta tensión deberán ser realizadas por el titular de la instalación o por una empresa mandataria. Si la verificación fuera realizada por empresas mandatarias, estas deberán ser empresas instaladoras habilitadas según ITC-RAT 21.

Al término de la ejecución de la instalación, el titular de la instalación o la empresa instaladora mandatada realizará las verificaciones que resulten oportunas contando para ello con el director de obra a fin de comprobar su correcta ejecución. Cuando se realicen ensayos o medidas la empresa instaladora garantizará el correcto estado de calibración de los equipos utilizados en las mismas.

Verificaciones previas a la puesta en servicio

Se efectuarán los ensayos previos a la puesta en servicio que establezcan las normas de obligado cumplimiento. En cualquier caso, en las instalaciones de alta tensión se efectuarán las siguientes verificaciones:

a) Medidas de las tensiones de paso y contacto, con la particularidad de que en las instalaciones de tercera categoría, se podrá aplicar lo indicado en la ITC-RAT 13.

b) Verificación de las distancias mínimas de aislamiento en aire entre partes en tensión y entre estas y tierra, siempre que no se hayan realizado previamente ensayos de aislamiento según lo establecido en la ITC-RAT 12.

c) Para instalaciones de tensión igual o superior a 220 kV, verificación del estado del aislamiento y en particular de la rigidez dieléctrica de los aislantes líquidos.

d) Verificación visual y ensayos funcionales del equipo eléctrico y de partes de la instalación.

e) Pruebas funcionales de los relés de protección y de los enclavamientos montados en obra.

f) Comprobación de que existen el esquema unifilar de la instalación y los manuales con instrucciones de operación y mantenimiento de los equipos y materiales.

Verificaciones periódicas

Las instalaciones eléctricas de alta tensión serán objeto de verificaciones periódicas, al menos una vez cada tres años, realizando las comprobaciones que permitan conocer el estado de sus diferentes componentes, y en particular para instalaciones de tensión nominal mayor o igual de 220 kV, la verificación del estado del aislamiento y en particular de la rigidez dieléctrica de los aislantes líquidos. La verificación periódica deberá llevarse a efecto antes de la finalización de la fecha de validez de la anterior verificación.

Durante la verificación periódica se revisarán las instalaciones de puesta a tierra a fin de comprobar su estado. Esta revisión consistirá en una inspección visual y en la medida de la resistencia de puesta a tierra, no requiriéndose la medida de la tensión de paso y contacto, salvo en aquellos casos en los que hayan variado las condiciones del proyecto original, debido a variaciones constructivas en el entorno inmediato de la instalación, por ejemplo por disminución de la resistividad superficial, como sucede en caso de ajardinamiento, o por la construcción de nuevos elementos metálicos próximos a la instalación (marquesinas de parada de autobuses, quioscos con elementos metálicos, etc.).

Las verificaciones se podrán sustituir por planes concertados con la Administración Pública competente, que garanticen que la instalación está correctamente mantenida.

Como resultado de la verificación, la entidad titular emitirá un Acta de Verificación, en la cual figurarán los datos de identificación de la instalación, la relación de las comprobaciones realizadas, y la posible relación de defectos, planes y plazos de corrección que en el caso de defectos graves o muy graves y para verificaciones periódicas no excederán de seis meses.

La entidad titular enviará una copia del Acta de Verificación a la Administración Pública competente en el plazo de un mes desde su ejecución. Este requisito no será necesario en el caso de que la entidad titular disponga de un proceso informático que permita a la Administración Pública competente listar y auditar los resultados de las verificaciones efectuadas.

En instalaciones existentes antes de la entrada en vigor del RD 337/2014 las verificaciones periódicas obligatorias a realizar serán las incluidas en la reglamentación anterior (RD 3275/1982), que concretamente exige la revisión de la instalación de puesta a tierra para comprobar su estado.

2.2. Inspección

La Administración Pública competente podrá efectuar inspecciones según establece la legislación sectorial vigente.

3. VERIFICACIÓN E INSPECCIÓN DE LAS INSTALACIONES ELÉCTRICAS QUE NO SEAN PROPIEDAD DE ENTIDADES DE PRODUCCIÓN, TRANSPORTE Y DISTRIBUCIÓN DE ENERGÍA ELÉCTRICA

Todas las instalaciones de alta tensión deben ser objeto de una verificación previa a la puesta en servicio y de una inspección periódica, al menos cada tres años. La inspección periódica deberá llevarse a efecto antes de la finalización de la fecha de validez de la anterior inspección. Las instalaciones de tensión nominal superior a 30 kV deberán ser objeto, también, de una inspección inicial antes de su puesta en servicio.

Las verificaciones previas a la puesta en servicio de las instalaciones de alta tensión deberán ser realizadas por las empresas instaladoras que las ejecuten.

Sin perjuicio de las atribuciones que, en cualquier caso, ostenta la Administración pública, los agentes que lleven a cabo las inspecciones de las instalaciones deberán tener la condición de organismos de control, acreditados para este campo reglamentario.

Si la instalación va a ser cedida a una entidad de transporte o distribución, el propietario que cede la instalación deberá justificar a la entidad de transporte o distribución que la puesta en servicio ha sido realizada según el Reglamento sobre condiciones técnicas y garantías de seguridad en instalaciones eléctricas de alta tensión. Además, en la verificación que se realice previamente a la cesión, tendrá que comprobarse también que la instalación está realizada conforme a las especificaciones particulares de la entidad de transporte o distribución, aprobadas por la Administración Pública competente y vigentes en el momento de la cesión. En caso de que la instalación no cumpla estos requisitos, la entidad de transporte o distribución podrá exigir al propietario las modificaciones o ensayos correspondientes para cumplir los requisitos.

3.1. Verificaciones

Para la verificación inicial previa a la puesta en servicio se efectuarán los ensayos previos a la puesta en servicio que se indican en el apartado 2.1.

Al finalizar la instalación, la empresa instaladora realizará las verificaciones que resulten oportunas contando para ello con el director de obra a fin de comprobar su correcta ejecución. Cuando se realicen ensayos o medidas de verificación la empresa instaladora podrá usar equipos propios o en su caso ajenos, siempre que garantice su correcto estado de calibración.

Se realizarán las mismas pruebas y ensayos indicados en el apartado 2.1 para las verificaciones previas a la puesta en servicio.

3.2. Inspecciones

3.2.1. Inspección inicial

En la inspección inicial se comprobará que los ensayos a realizar por la empresa instaladora, correspondientes a las verificaciones previas a la puesta en servicio se ejecutan correctamente, con los medios técnicos apropiados y en correcto estado de calibración, así como que el resultado obtenido es satisfactorio. También se comprobará que existe coincidencia entre las condiciones reales de la instalación y las condiciones de cálculo del proyecto, así como que la instalación cumple con las condiciones establecidas en este Reglamento sobre condiciones técnicas y garantías de seguridad en instalaciones eléctricas de alta tensión.

La entidad de inspección debe asegurar que las verificaciones realizadas por la empresa instaladora se ejecutan correctamente, para lo cual puede dirigir las medidas realizadas por el personal de la empresa instaladora o realizarlas con sus medios, completándolas, en su caso, con las medidas y ensayos necesarios establecidos en su procedimiento de inspección, ya que la responsabilidad de la realización de las operaciones de inspección, medición y control es de la entidad de inspección. Se realizarán las mismas pruebas y ensayos indicados en el apartado 2.1 para las verificaciones previas a la puesta en servicio.

3.2.2. Inspección periódica

En las instalaciones se efectuarán, como mínimo, las medidas indicadas en el apartado 2.1 para las verificaciones periódicas.

Se realizarán las mismas pruebas y ensayos indicados en el apartado 2.1. para las verificaciones periódicas.

3.3. Procedimiento de inspección y verificación

Las inspecciones y verificaciones de las instalaciones se realizarán sobre la base de las prescripciones que establezca la norma de aplicación, y, en su caso, de lo especificado en el proyecto, aplicando los criterios para la clasificación de defectos que se relacionan en el apartado siguiente.

3.3.1 Procedimiento de inspección inicial o periódica

La empresa instaladora que haya ejecutada la instalación o la responsable del mantenimiento, según se trate de inspecciones iniciales o periódicas, deberá asistir al organismo de control en la realización de las pruebas y ensayos necesarios. En ningún caso esta asistencia supondrá la realización de las operaciones de inspección, medición y control por parte del instalador.

Las inspecciones iniciales o periódicas incluirán pruebas, ensayos y medidas. La responsabilidad de la realización de estos ensayos, pruebas o medidas es de la entidad de inspección para lo cual la entidad debe utilizar su propio procedimiento de inspección. Durante los ensayos y medidas de inspección la entidad podrá usar equipos propios o, en su caso, ajenos, siempre que garantice que los equipos cumplen con los requisitos de calibración, incertidumbre y criterios de aceptación y rechazo establecidos en sus procedimientos. La empresa instaladora deberá asistir a las entidades de inspección durante la realización de los ensayos y medidas, cumpliendo para ello con la legislación de prevención de riesgos laborales.

Como resultado de la inspección, el agente encargado de la inspección emitirá un Certificado de Inspección, en el cual figurarán los datos de identificación de la instalación, la relación de las comprobaciones realizadas, la posible relación de defectos, con su clasificación, y la calificación de la instalación, planes y plazos de corrección que no excederán de seis meses, así como el registro de las últimas operaciones de mantenimiento realizadas por la empresa responsable del mantenimiento de la instalación.

3.3.2 Calificación de la instalación

La calificación de una instalación, como resultado de una inspección o verificación, podrá ser:

a) **Favorable**: cuando no se determine la existencia de ningún defecto muy grave o grave. En este caso, los posibles defectos leves se anotarán para constancia del titular.

b) **Condicionada**: cuando se detecte la existencia de, al menos, un defecto grave o defecto leve procedente de otra inspección anterior que no se haya corregido, pero que podría agravarse con el paso del tiempo y poner en riesgo la seguridad de la instalación:

En este caso:

b.1) Las instalaciones nuevas que sean objeto de esta calificación no podrán ser puestas en servicio en tanto no se hayan corregido los defectos indicados y puedan obtener la calificación de favorable.

b.2) A las instalaciones ya en servicio se les fijará un plazo para proceder a su corrección, que no podrá superar los seis meses. Transcurrido dicho plazo sin haberse subsanado los defectos, el organismo de control deberá remitir el certificado con la calificación negativa a la Administración Pública competente.

c) **Negativa**: cuando se observe, al menos, un defecto muy grave.

En este caso:

c.1) Las nuevas instalaciones no podrán entrar en servicio, en tanto no se hayan corregido los defectos indicados y puedan obtener la calificación de favorable.

c.2) A las instalaciones ya en servicio se les emitirá certificado negativo, que se remitirá inmediatamente, por el organismo de control a la Administración Pública competente.

4. CLASIFICACIÓN DE DEFECTOS

Los defectos en las instalaciones se clasificarán en: defectos muy graves, defectos graves y defectos leves.

4.1. Defecto muy grave

Es todo aquél que la razón o la experiencia determina que constituye un riesgo grave e inminente para la seguridad de las personas o los bienes.

Se consideran tales los incumplimientos de las medidas de seguridad que pueden provocar el desencadenamiento de los peligros que se pretenden evitar con tales medidas, en relación con:

a) Reducción de distancias de seguridad o del grado de protección a la penetración de cuerpos extraños aplicable.

b) Reducción de distancias de aislamiento.

c) Degradación importante o defecto en el aislamiento.

d) Falta de continuidad del circuito de tierra.

e) Tensiones de paso y contacto superiores a los valores límites admisibles.

4.2. Defecto grave

Es el que no supone un riesgo grave e inminente para la seguridad de las personas o de los bienes, pero puede serlo al originarse un fallo en la instalación. También se incluye dentro de esta clasificación, el defecto que pueda reducir de modo sustancial la capacidad de utilización de la instalación eléctrica.

Dentro de este grupo, y con carácter no exhaustivo, se consideran los siguientes defectos graves:

a) Falta de conexiones equipotenciales, cuando estas fueran requeridas.

b) Degradación del aislamiento.

c) Falta de protección adecuada contra cortocircuitos y sobrecargas en los materiales, en función de la intensidad máxima admisible en los mismos, de acuerdo con sus características y condiciones de instalación.

d) Defectos en la conexión de los conductores de protección a las masas, cuando estas conexiones fueran preceptivas.

e) Sección insuficiente de los cables y circuitos de tierras.

f) Existencia de partes o puntos de la instalación cuya defectuosa ejecución o mantenimiento pudiera ser origen de averías o daños.

g) Naturaleza o características no adecuadas de los equipos utilizados.

h) Empleo de equipos y materiales que no se ajusten a las especificaciones aplicables.

i) Ampliaciones o modificaciones de una instalación que no se hubieran tramitado según lo establecido en la ITC-RAT 22.

j) No coincidencia entre las condiciones reales de la instalación con las condiciones de cálculo del proyecto.

k) Ausencia de las declaraciones de conformidad de los equipos, o falta de veracidad de las mismas.

l) La sucesiva reiteración o acumulación de defectos leves que por efecto de su combinación o acumulación supongan un peligro para la seguridad de las personas o de los bienes.

4.3. Defecto leve

Es todo aquel que no supone peligro para las personas o los bienes, no perturba el funcionamiento de la instalación y en el que la desviación respecto de lo reglamentado no tiene valor significativo para el uso efectivo o el funcionamiento de la instalación.

ANEXO
MEDIOS TÉCNICOS MÍNIMOS REQUERIDOS PARA LA VERIFICACIÓN O INSPECCIÓN DE INSTALACIONES ELÉCTRICAS DE ALTA TENSIÓN

1. Equipos

En este apartado se detallan los equipos de medida y ensayo mínimos.

Para ciertas verificaciones, podrían ser necesarios otros equipos de ensayo y medida, en cuyo caso podrán ser subcontratadas a empresas especializadas o a laboratorios acreditados según la UNE-EN-ISO/IEC 17025.

1.1. Equipos necesarios para cualquier categoría
- Telurómetro.
- Medidor de aislamiento de, al menos, 10 kV.
- Pértiga detectora de la tensión correspondiente a la categoría solicitada.
- Pértigas de puesta a tierra y en cortocircuito.
- Multímetro o tenaza, para las siguientes magnitudes:
  1. Tensión alterna y continua hasta 500 V.
  2. Intensidad alterna y continua hasta 20 A.
  3. Resistencia.
- Miliohmímetro con fuente de intensidad de continua de 50 A.
- Medidor de tensiones de paso y contacto con fuente de intensidad de 5 A para instalaciones de tercera categoría, y con fuente de intensidad de 50 A para instalaciones de categoría superior.
- Cámara de termografía.
- Equipo verificador de la continuidad de conductores.

1.2. Equipos complementarios para la categoría AT2 para comprobar el estado de los transformadores y de los interruptores automáticos
- Sistema de medida de la corriente de excitación y pérdidas en vacío de transformadores de potencia.
- Equipo medidor de relación de transformación y desfase.
- Medidor de capacidad y tangente de delta en transformadores.
- Medidor de rigidez dieléctrica de aislantes líquidos.
- Medidor de tiempos de cierre y apertura de interruptores automáticos.

Los equipos se mantendrán en correcto estado de funcionamiento y calibración. Cuando se subcontraten ensayos y medidas especiales, el agente encargado de la verificación o inspección comprobará el correcto estado de calibración de los equipos.

2. Equipos y medios de protección individual

Estarán de acuerdo con la normativa vigente y las necesidades de la instalación.

Tipo de comprobación	Defecto muy graves o graves a evitar según ITC-RAT 23	Inicial		
		Un ≤ 30 kV	30 kV < Un < 220 kV	Un ≥ 220 kV
Medidas de la resistencia de puesta a tierra y de las tensiones de paso y contacto.	—Tensiones de paso y contacto superiores a los valores máximos admisibles — No coincidencia entre las condiciones reales de la instalación y las del proyecto.	(I1)	(I1)	(I1)
Comprobación de las distancias mínimas de aislamiento en aire entre partes en tensión y entre éstas y tierra, si no se han realizado previamente ensayos de aislamiento	—Reducción de distancias de aislamiento. —No coincidencia entre las condiciones reales de la instalación y las del proyecto	(I2)	(I2)	(I2)
Aislamiento de terminaciones de líneas con cables	— Degradación o defecto en el aislamiento.	(I3)	(I3)	(I3)
Aislamiento de puentes de cables		(I3)	(I3)	(I3)
Aislamiento de GIS y transformadores.		n.a	(I4) Aplicable si Un ≥ 52kV	(I4)
Rigidez dieléctrica de los aislamientos líquidos.		n.a.	n.a.	(I5)
Comprobaciones visuales del circuito de puesta a tierra y de otras partes de la instalación.	—Falta de continuidad del circuito de puesta a tierra. —Conexión defectuosa de los conductores de protección a las masas. —Sección insuficientes de los cables y circuitos de tierra.	(I6)	(I6)	(I6)

267

Defecto muy graves o graves a evitar según ITC-RAT 23	Inicial			Periódica		
	Un ≤ 30 kV	30 kV < Un < 220 kV	Un ≥ 220 kV	Un ≤ 30 kV	30 kV <Un < 220 kV	Un ≥ 220 kV
- Existencia de partes o puntos de la instalación cuya defectuosa ejecución o mantenimiento pudiera ser origen de averías o daños.	(I6)	(I6)	(I6)	(P6)	(P6)	(P6)
- Ausencia de declaraciones de conformidad de los equipos o falta de veracidad de las mismas. - No coincidencia entre las condiciones reales de la instalación y las del proyecto	(I7)	(I7)	(I7)	n.a.	n.a.	n.a.
- Naturaleza o características no adecuadas de los equipos utilizados.	(I8)	(I8)	(I8)	n.a.	n.a.	n.a.
- Falta de protección adecuada contra cortocircuitos y sobrecargas	(I9)	(I9)	(I9)	n.a.	n.a.	n.a.
No coincidencia entre las condiciones reales de la instalación y las del proyecto	(I10)	(I10)	(I10)	n.a.	n.a.	n.a.

COMPROBACIONES INICIALES

I1. Medidas de la resistencia de puesta a tierra y de las tensiones de paso y contacto

El alcance de las comprobaciones a realizar en las instalaciones de puesta a tierra se basa en lo indicado en la ITC-RAT 13 apartado 8.

Tal y como indica la ITC-RAT 13 para instalaciones de tensión nominal menor o igual de 30 kV, como centros de transformación, las medidas de tensión de paso y contacto podrán sustituirse por medidas de resistencia de puesta a tierra siempre que se haya establecido la correlación entre ambas, dicha correlación se haya comprobado en la práctica, y esté admitido por el Órgano territorial competente.

Medidas de la resistencia de puesta a tierra

Se deberá medir el valor de la resistencia de puesta a tierra de la instalación. La medida de la resistencia de puesta a tierra de una instalación se realiza desconectando de la instalación de puesta de tierra cualquier otro elemento conectado a tierra. Para vigilar su evolución en las comprobaciones periódicas se puede tomar como referencia el valor de resistencia de puesta a tierra del proyecto u otro valor cuya idoneidad se haya demostrado mediante mediciones de tensiones de paso y contacto.

En centros de transformación se medirán tanto la puesta a tierra general del centro como la puesta a tierra del neutro.

Las medidas de resistencia de puesta a tierra de instalaciones de gran extensión, tales como subestaciones, puede realizarse por el método de inyección de alta corriente. La norma UNE-EN 50522 incluye un resumen de técnicas de medida de resistencia de puesta a tierra.

Medidas de las tensiones de paso y contacto

La medida de la tensión de contacto se debe realizar antes de la puesta en servicio de cualquier instalación de alta tensión. No obstante, tal y como indica la ITC-RAT 13 para instalaciones de tensión nominal menor o igual de 30 kV, como son los centros de transformación, las medidas de tensión de paso y contacto podrán sustituirse por medidas de resistencia de puesta a tierra siempre que se haya establecido la correlación entre ambas, se haya comprobado en la práctica que dicha correlación garantiza el cumplimiento de las tensiones de paso y contacto reglamentarias, y que todo ello esté admitido por el Órgano territorial competente.

Las medidas de las tensiones de paso y contacto se tratan en el Anexo -1 de esta GUÍA RAT 23.

I2. Comprobación de las distancias mínimas de aislamiento en aire entre partes en tensión y entre éstas y tierra, si no se han realizado previamente ensayos de aislamiento

Se deben comprobar que las distancias de aislamiento en aire entre partes en tensión y entre partes en tensión y tierra cumplen con las que vienen definidas en la ITC-RAT 12 excepto para los equipos en los que se hayan realizado ensayos de comprobación del nivel de aislamiento.

Las distancias de aislamiento y las distancias de pasillos y zonas de protección indicadas en las ITC-RAT 14 y 15, no presuponen el cumplimiento con las distancias de seguridad necesarias para realizar trabajos con riesgo eléctrico en instalaciones de alta tensión. La reglamentación que establece las distancias para la realización de trabajos con riesgo eléctrico están definidas en el RD 614/2001, de 8 de junio, sobre disposiciones mínimas para la protección de la salud y seguridad de los trabajadores frente al riesgo eléctrico, BOE nº 148 21/06/2001 y en su guía técnica para la evaluación y prevención del riesgo eléctrico. Por ejemplo, en los pasillos de subestaciones que tengan elementos en tensión por encima, tales como embarrados, la altura libre de los pasillos (desde el suelo hasta los elementos en tensión) cuando se realicen trabajos con riesgo eléctrico debe cumplir los requisitos establecidos en el RD 614/2001 para trabajos sin tensión o al menos en proximidad en función de las distancias libres existentes.

En el caso de centros de transformación, cuando se utilicen bornas no enchufables, se comprobarán las distancias libres en aire entre las partes activas de las conexiones al transformador y los elementos puestos a tierra.

I3. Aislamiento de terminaciones de líneas con cables y puentes de cables

Conforme a lo prescrito en la ITC-LAT 05 del Reglamento de líneas de alta tensión (RD 223/2008) debe comprobarse el aislamiento principal de las terminaciones de las líneas con cables antes de su puesta en servicio. Para tal fin la guía de la ITC-LAT 05 recomienda la utilización de alguno de los métodos descritos en la norma UNE 211006.

Los puentes con cables aislados de alta tensión que interconectan distintos elementos de la instalación que se ejecuten en obra y por tanto no se hayan podido ensayar en fábrica, deberán ensayarse también según uno de los métodos descritos en la norma UNE 211006 para comprobar el estado del aislamiento principal y de la cubierta.

Para los casos en los que se compruebe el aislamiento principal mediante la medida de descargas parciales a la tensión de red durante 24 horas, este ensayo podrá realizarse con o sin carga.

Para la comprobación de la cubierta se utilizará el megóhmetro de 10 kV del Anexo 1 de la ITC-RAT 23, que deberá ser capaz de suministrar la corriente establecida en la norma UNE 21006 por km de longitud de cable.

En caso de realizarse el ensayo opcional de medida de la resistencia del circuito principal o de la pantalla se utilizará el miliohmímetro de 50 A, indicado en el Anexo 1 de la ITC-RAT 23.

I4. Aislamiento de GIS y transformadores

La verificación inicial del estado del aislamiento en instalaciones de tensión nominal igual o superior a 220kV debe realizarse mediante ensayos dieléctricos según la norma de producto aplicable (UNE-EN 62271-203 para GIS y UNE-EN 60076-3 para transformadores de potencia). Los ensayos se realizarán únicamente sobre las partes de la instalación que no se hayan podido ensayar en fábrica, cuando el montaje o una parte del montaje se realiza en obra, por ejemplo, los conjuntos GIS.

Para conjuntos GIS de tensión más elevada del material superior a 52 kV que se monten y acoplen "in situ", la norma de obligado cumplimiento aplicable, UNE-EN 62271-203, establece los ensayos que deben realizarse en el lugar de la instalación después del montaje y antes de la puesta en servicio.

I5. Rigidez dieléctrica de los aislamientos líquidos

Para instalaciones de tensión Un ≥ 220kV se determinará también la tensión de ruptura dieléctrica a frecuencia industrial del líquido dieléctrico según el método descrito en la norma UNE-EN 60156. La UNE-EN 60475. Para analizar otras propiedades de los aceites minerales aislantes se utilizará la norma UNE-EN 60422.

I6. Comprobaciones visuales del circuito de puesta a tierra y de otras partes de la instalación

Las comprobaciones visuales a realizar para el circuito de puesta a tierra incluirán al menos las siguientes:

- Continuidad del circuito de puesta a tierra, especialmente en el punto de conexión con la línea de enlace con el electrodo de puesta a tierra y en zonas próximas al suelo expuestas a alteración por golpes, roces o vandalismo.

- Correcto estado de la conexión de cada masa o elemento metálico al circuito de puesta a tierra, por ejemplo, verificar la posible rotura o inexistencia del conductor de interconexión entre un apoyo, envolvente o estructura metálica y el electrodo de puesta a tierra.

En caso de que la comprobación visual no se pueda realizar o pueda dar lugar a dudas sobre el estado de la conexión (por ejemplo, debido a existencia de deformaciones o signos de corrosión), se podrán realizar mediciones de continuidad, inyecciones de corriente o mediciones por otros métodos.

- Para instalaciones de tercera categoría sobre apoyo o a pie de apoyo, comprobar la existencia de una protección mecánica de los conductores de conexión a tierra de los apoyos en las zonas inmediatamente inferior y superior al nivel del terreno que los proteja contra golpes y roces.

- Inexistencia de signos de corrosión en las conexiones del circuito de puesta a tierra, o de corrosión grave en los apoyos, estructuras metálicas o pórticos.

- Estado correcto de los medios utilizados para evitar la escalada en los apoyos frecuentados.

Para otras partes de la instalación se realizará una comprobación visual de cada uno de sus componentes (aparamenta bajo envolvente metálica, transformadores de potencia y medida, pararrayos, puentes de conexión y sistemas auxiliares).

También se comprobará la coincidencia entre las características reales de la instalación (valores asignados que figuran en las placas de características) y las condiciones especificadas en el proyecto, además de las establecidas en la reglamentación aplicable.

Para celdas de tipo abierto no prefabricadas se verificarán las distancias de pasillos y zonas de protección indicadas en las ITC-RAT 14 y en la ITC-RAT 15. En instalaciones de exterior se comprobará que la altura de las vallas exteriores es como mínimo de 2,2 m. Se comprobará también la altura y anchura de los pasillos, así como las distancias a elementos en tensión.

I7. Comprobaciones documentales:

Se comprobará "in-situ" que la instalación realmente ejecutada se corresponde con la documentación del proyecto, así como que los manuales de operación y mantenimiento y las declaraciones de conformidad son los correspondientes a los equipos y materiales instalados. Se revisará el protocolo de ensayos del transformador y en particular su potencia de pérdidas, conforme a lo establecido en la ITC-RAT 07 GUIA. En cualquier caso no será necesario conservar la documentación en la propia instalación si se dispone, por ejemplo, de sistemas de almacenamiento informático con acceso remoto que garanticen que está fácilmente disponible para el personal técnico encargado de la instalación.

I8. Ensayos funcionales del equipo eléctrico y de otras partes de la instalación

Se comprobará el correcto funcionamiento de los elementos de maniobra de la instalación, estando dichos elementos sin tensión, es decir, desconectados de la red.

Antes de la puesta en servicio de la instalación se realizarán los ensayos necesarios para comprobar que los distintos elementos de alta tensión, tales como transformadores de potencia, transformadores de medida y protección o interruptores automáticos de alta tensión no han sufrido problemas durante el transporte.

Para los transformadores de medida instalados en celdas de medida de alta tensión se comprobará que la carga de los circuitos secundarios está entre el 25% y el 100% de la carga de precisión para los transformadores de intensidad y entre el 50% y el 100% para los transformadores de tensión y que su sección es igual o superior a 6 mm2.

I9. Pruebas funcionales de los relés de protección

Se realizarán las pruebas de funcionamiento de los relés de protección que no hayan sido probados para las condiciones de explotación, provocando la apertura del interruptor. Se pueden realizar las pruebas funcionales siguientes:

– Comprobación del funcionamiento de cada protección eléctrica, es decir, sus tres componentes básicos: el sensor (transformador de tensión o de corriente generalmente), relé de protección y aparato de corte.

– Realización de su parametrización, carga de la lógica, carga de los ajustes, ensayo de las funciones de protección activas mediante inyección primaria en el caso de los transformadores de intensidad o desde las cajas secundarias de los sensores: TT´s, o TI´s, o bien, desde las bornas de prueba en las celdas de los relés de protección. Se verificarán las entradas y salidas de los relés de protección, sus alarmas y señalizaciones, locales y remotas.

I10. Pruebas funcionales de los enclavamientos montados en obra

Se comprobará que los enclavamientos montados en obra funcionan correctamente, de forma que se garantice la seguridad de los trabajadores.

COMPROBACIONES PERIÓDICAS

P1. Medidas de la resistencia de puesta a tierra y de las tensiones de paso y contacto. *Medidas de resistencia de puesta a tierra*

En centros de transformación se medirán tanto la puesta a tierra general del centro como la puesta a tierra del neutro.

Se deberá medir el valor de la resistencia de puesta a tierra de la instalación, recomendándose que no sea superior en un 50% del valor especificado en proyecto, salvo que se haya verificado con mediciones de paso y contacto un valor de resistencia límite diferente. Se deberá registrar su valor para poder vigilar su evolución en posteriores comprobaciones.

En ciertas ocasiones, por ejemplo en el caso de múltiples centros de transformación cuyas instalaciones de puesta a tierra están interconectadas entre sí a través de las pantallas de los cables aislados, y con el objeto de no desconectar las pantallas de los cables de tierra durante las verificaciones o inspecciones periódicas, la medida de la resistencia de puesta a tierra de la instalación puede sustituirse por la medida de la resistencia de puesta a tierra global, combinada con la medida de la resistencia de puesta a tierra del bucle.

La resistencia de puesta a tierra global es la resistencia de tierra considerando la acción conjunta de la totalidad de las puestas a tierras y se mide con un telurómetro, sin necesidad de desconectar las pantallas. La resistencia del bucle es la resistencia de puesta a tierra del centro en serie con el equivalente paralelo de la totalidad de las resistencias de puesta a tierra, exceptuando la propia del centro y se mide con ayuda de una pinza amperimétrica adaptada para este fin que abraza el punto de conexión a tierra del centro. Con este método la resistencia de puesta a tierra del centro se calcula a partir de los valores de resistencia de puesta a tierra global y de la resistencia del bucle.

$$R_{bucle} = R_{centro} + R_{paralelo}$$

$$R_{global} = \frac{R_{centro} \cdot R_{paralelo}}{R_{centro} + R_{paralelo}}$$

Por tanto:

$$R_{centro} = R_{bucle} \left(\frac{1}{2} + \sqrt{\frac{1}{4} - \frac{R_{global}}{R_{bucle}}} \right)$$

Medidas de tensiones de paso y contacto

Se realizarán las medidas de las tensiones de contacto y, en su caso, de paso, cuando se produzcan cambios en la instalación que puedan afectar a su valor, por ejemplo, por presencia de nuevos elementos metálicos accesibles desde el exterior de un centro de transformación o por disminución de la resistividad superficial del terreno, debido por ejemplo al ajardinamiento de la instalación.

En el caso de centros de transformación, y con objeto de no desconectar de tierra las pantallas de los cables, las medidas de las tensiones de paso y contacto se realizarán preferentemente con los seccionadores de la caja de registro de tierras, cerrados. Se inyectará una corriente, I_m, conectando la fuente a un punto de la tierra general en la caja de registro, lo que provocará que una corriente menor, I'_m, circule por la puesta a tierra general del centro, tal como se muestra en la figura 1.

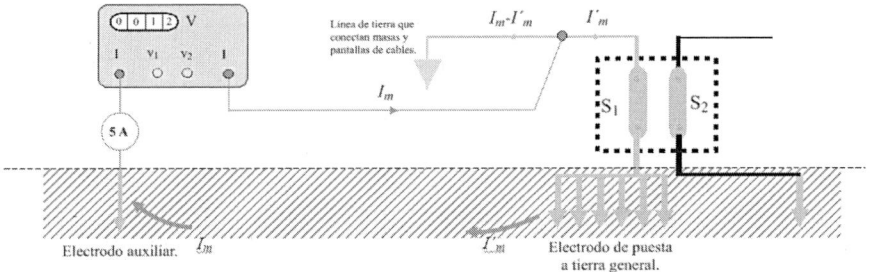

Figura 1. *Inyección de corriente en un CT para la medida de tensiones de paso y contacto.*

Con este montaje las medidas de la tensión de paso y contacto obtenidas se multiplicarán por el factor, I_F/I_m.

P2. Comprobación de las distancias mínimas de aislamiento en aire entre partes en tensión y entre éstas y tierra, si no se han realizado previamente ensayos de aislamiento

Se comprobarán las distancias mínimas de aislamiento en aire entre partes en tensión y entre éstas y tierra, si se aprecia algún cambio respecto de la verificación anterior que pueda afectar a las distancias de aislamiento. No será necesario para los equipos en los que se hayan realizado ensayos de comprobación del nivel de aislamiento.

P3. Aislamiento de terminaciones de líneas con cables y puentes de cables

Conforme a lo prescrito en la ITC-LAT 05 del Reglamento de líneas de alta tensión (RD 223/2008) las líneas eléctricas de alta tensión propiedad de empresas de transporte y distribución de energía eléctrica serán objeto de verificaciones periódicas, al menos una vez cada tres años, realizando las comprobaciones que permitan conocer el estado de los diferentes componentes de las mismas.

Conforme a lo prescrito en la ITC-LAT 05 del Reglamento de líneas de alta tensión (RD 223/2008) se comprobará al menos cada tres años el aislamiento principal y de la cubierta de las líneas eléctricas con conductores aislados que no sean propiedad de empresas de transporte y distribución de energía eléctrica. Se podrán utilizar los métodos de ensayo descritos en la norma UNE 211006.

Para instalaciones de tensión nominal mayor o igual de 220 kV se comprobará el estado del aislamiento de las terminaciones y de los puentes con cables aislados que interconectan distintos elementos de la instalación de alta tensión. Se podrán utilizar los métodos de ensayo descritos en la norma UNE 211006.

P4. Comprobación del estado del aislamiento de GIS y transformadores

La comprobación del estado del aislamiento en instalaciones de tensión nominal igual o superior a 220 kV se realizará preferentemente en condiciones normales de explotación mediante la medida de descargas parciales por métodos electromagnéticos, ópticos, acústicos o químicos (por ejemplo, análisis de aceites).

Alternativamente pueden utilizarse técnicas de medida off-line en cuyo caso la tensión de prueba aplicada mediante un generador externo que permita una tensión de ensayo al menos igual a la tensión más elevada de la red.

P5. Comprobación de la rigidez dieléctrica de los aislamlentos líquidos

Idéntica comprobación que en I5.

P6. Comprobaciones visuales del circuito de puesta a tierra y de otras partes de la instalación

La comprobación periódica del circuito de puesta a tierra se realizará igual que la inicial.

Se realizará una comprobación visual de cada uno de los componentes de la instalación (aparamenta bajo envolvente metálica, transformadores de potencia y medida, pararrayos, puentes de conexión y sistemas auxiliares).

Se comprobarán igualmente las distancias mínimas de pasillos y zonas de protección y el grado de protección de las envolventes prefabricadas, si existe alguna duda de que la instalación haya sido modificada desde la verificación o inspección anterior.

Se comprobará que existen el esquema unifilar de la instalación y los manuales con instrucciones de operación y mantenimiento de los equipos y materiales. En cualquier caso, no será necesario conservar la documentación en la propia instalación si se dispone, por ejemplo, de sistemas de almacenamiento informático con acceso remoto que garanticen que está fácilmente disponible para el personal técnico encargado de la instalación.

ANEXO 1 GUÍA RAT 23
MEDIDA DE LAS TENSIONES DE PASO Y CONTACTO

La tensión de contacto aplicada admisible, U_{ca}, es la que se recoge en la figura 1 y en la tabla 1 de la ITC-RAT 13. Esta tensión admisible se refiere a una trayectoria de corriente entre cualquier mano y los pies. Cuando se trate de establecer la tensión de contacto aplicada admisible para otro trayecto de la corriente se habrá de tener en cuenta el denominado factor del corazón según la norma UNE-IEC/TS 60479-1 referenciada en la propia ITC-RAT 13, del modo siguiente:

$$U_{ca,\text{para otro trayecto de corriente}} = \frac{U_{ca,MIE-RAT13}}{F_c}$$

Por ejemplo, el factor del corazón para un trayecto de la corriente entre las dos manos es $FFcc=0,4$.

Para la medida de las tensiones de paso y contacto aplicadas debe inyectarse una corriente conocida entre la instalación de tierra a verificar y un electrodo auxiliar remoto, de modo que se genere una elevación de potencial de la instalación de tierra a verificar. La separación entre el electrodo de puesta a tierra a medir y el electrodo auxiliar remoto debe ser preferentemente mayor de cinco veces la dimensión del electrodo a medir.

La inyección de corriente se realiza con fuentes de alimentación de potencia adecuada para simular el defecto y corriente inyectada suficientemente alta, a fin de evitar que las medidas queden falseadas como consecuencia de corrientes vagabundas o parásitas circulantes por el terreno.

Si no se utiliza un método de ensayo que elimine el efecto de dichas corrientes parásitas, la intensidad inyectada debería ser mayor o igual al 1% de la corriente de puesta a tierra de la instalación, por lo que resultaría una corriente muy elevada.

Para reducir el efecto de estas corrientes parásitas las fuentes integradas en los medidores de paso y contacto suelen recurrir a métodos especiales, tales como el método de impulsos o la inversión de polaridad de la corriente inyectada, en cuyo caso la corriente inyectada debe ser superior 5 A para la medida en centros de transformación y a 50 A en subestaciones, sin la limitación de llegar al 1% de la corriente de puesta a tierra de la instalación.

Incluso estos valores mínimos de corriente inyectada de 5A para centros o de 50 A para subestaciones pueden resultar difíciles de lograr en la práctica, teniendo en cuenta que la resistencia de bucle sobre la que se inyecta la corriente puede ser relativamente elevada. En la práctica la potencia de la fuente de inyección depende no solo de la corriente inyectada sino también de la resistencia del circuito de bucle sobre el que se aplica la corriente, por lo que se recomienda utilizar fuentes capaces de inyectar estas corrientes de 5 A o 50 A sobre una resistencia de bucle de tierra mayor o igual de 4Ω. Como opción para reducir la potencia de fuente y su peso la inyección de corriente se podrá realizar, en lugar de en permanencia, tan solo durante unos pocos ciclos de la frecuencia de red, los indispensables para que los voltímetros puedan realizar las medidas de tensiones de paso y contacto.

No obstante, la ITC-RAT 13 también admite medidores que inyecten una corriente inferior a 5 A o 50 A respectivamente, siempre que se demuestre mediante ensayos comparativos realizados por un laboratorio acreditado que disponen de filtros o sistemas especiales capaces de eliminar las tensiones de perturbación con el fin de lograr medidas con una fiabilidad y exactitud equivalente a la que se obtendría con una inyección de corriente elevada. En cualquier caso, la incertidumbre asociada a las medidas de las tensiones de paso y contacto debe ser inferior al 20%.

Las medidas de las tensiones de paso y contacto y de resistencia de puesta a tierra en mallas de grandes dimensiones, por ejemplo, subestaciones, presenta una serie de dificultades, entre otras la necesidad de utilizar una enorme distancia de separación para clavar los electrodos auxiliares de inyección de corriente, cables de medida excesivamente largos y valores de tensiones muy pequeños y por tanto muy sensibles a las perturbaciones. Para solucionar estos problemas se puede recurrir a inyección de alta corriente (entre 100 A y 200 A) mediante una línea aérea de la subestación utilizando para ello el método descrito en la norma UNE-EN 50522.

Los electrodos de medición para la simulación del contacto de los pies con el terreno de valor $R_{a2}=1,5\,\rho_s$, donde ρ_s es la resistividad superficial del suelo, deberán tener cada uno un área de 200 cm² y estarán presionando sobre la tierra con una fuerza mínima de 250 N. Para la medición de la tensión de contacto en cualquier parte de la instalación, dichos electrodos deberán estar situados juntos y a una distancia de un metro de la parte expuesta de la instalación. Para suelo seco u hormigón conviene colocar entre el suelo y los electrodos un paño húmedo o una película de agua.

Para la simulación de la mano se empleará un electrodo capaz de perforar el recubrimiento de las partes metálicas para que no actúe como aislante. Las mediciones se realizarán con un voltímetro de resistencia interna 1000 Ω, que representa la impedancia del cuerpo humano, Z_B. Un terminal del voltímetro se conectará al electrodo que simula la mano y el otro terminal a los electrodos que simulan los pies.

Los equipos deberán tener la opción de medir tanto para el caso de que la persona esté descalza o calzada, mediante la inserción respectivamente de resistencias adicionales en serie con el voltímetro de 1000 Ω o 4000 Ω según se mida tensión de contacto con calzado o tensión de paso con calzado. De esta forma, el voltímetro indicará directamente el valor de la medición de la tensión de contacto (o en su caso de paso) aplicada siempre que la intensidad inyectada fuera igual a la intensidad de puesta a tierra, es decir:

Sin embargo, en la práctica las tensiones de paso y contacto aplicadas medidas serán inferiores a las que realmente se presentarían en la instalación en caso de un defecto a tierra, ya que la corriente inyectada es generalmente muy inferior a la corriente de puesta a tierra real. Si la intensidad inyectada por el electrodo de puesta a tierra es I_m, y la intensidad de puesta a tierra es I_E, las tensiones de paso y contacto aplicadas se calcularán multiplicando las tensiones medidas por el factor multiplicador I_E/I_m. La mayoría de los medidores de tensiones de paso y contacto indican la tensión corregida, es decir multiplicando la tensión de medida con el voltímetro por el factor anterior. Para ello el valor de I_E, se debe de introducir mediante el teclado en la memoria del instrumento.

$$U'_{ca} = U_{Voltímeto}$$

No hay que confundir la intensidad de defecto a tierra, I_F, con la intensidad de puesta a tierra, I_E, ya que cuando existen otros elementos que salen fuera de la instalación y están conectados a tierra, como por ejemplo las pantallas de los cables subterráneos, la segunda es tan solo una fracción de la primera. Sin embargo, si no se conoce el valor de I_E, y se utiliza I_F, en lugar de I_E, los valores calculados de U'_{ca} serán superiores a los reales, por lo que si estos valores calculados son inferiores de los límites admisibles se cumplirán sobradamente las tensiones de contacto reglamentarias.

$$U'_{ca} = U_{Voltímeto} \cdot \frac{I_E}{I_m}$$

La empresa de transporte y distribución debe facilitar el valor de la intensidad de defecto a tierra en el punto de suministro. Sin embargo, como se desconoce el valor de la resistencia de puesta a tierra de la instalación, la empresa de transporte y distribución considera nulo su valor y la intensidad de defecto facilitada corresponde a su valor máximo. A partir del dato facilitado y del valor de la resistencia de puesta a tierra se puede calcular la intensidad de defecto a tierra para la instalación. El tiempo utilizado para determinar las tensiones de paso y contacto se obtendrá de la curva de tiempos de desconexión en caso de falta a tierra proporcionada por empresa de transporte o distribución, escogiendo el valor de tiempo que corresponda a la intensidad de defecto a tierra calculada para la instalación.

En aquellos casos en que no se consiga una resistencia de electrodo auxiliar suficientemente baja como para inyectar 5 A, se podrán utilizar como electrodo auxiliar bien los electrodos de otros centros conectados a través de las pantallas (puesta a tierra lejana) o el electrodo de neutro de baja tensión, para lo cual es necesario conectar la fuente de forma distinta tal y como se indica respectivamente en las figuras 2 y 3.

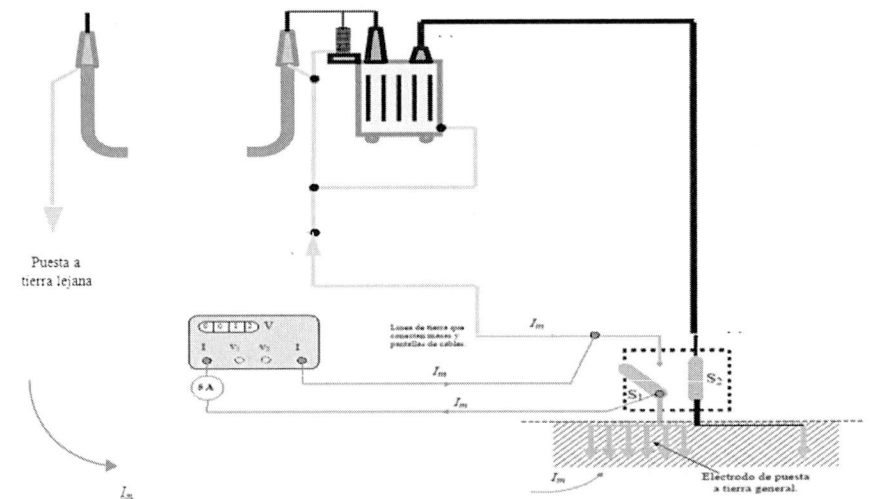

Figura 2. *Inyección de corriente entre el electrodo de puesta a tierra general y las pantallas.*

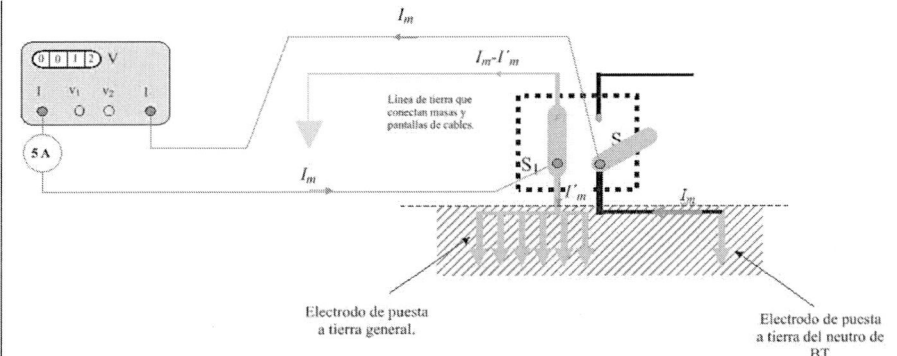

Figura 3. *Inyección de corriente entre el electrodo de puesta a tierra general y la puesta a tierra del neutro de BT.*

Cuando se recurra al empleo de medidas adicionales de seguridad que impidan el contacto con partes metálicas puestas a tierra o que hagan que la tensión de contacto sea nula (por ejemplo, plataformas equipotenciales enterradas y conectadas a los elementos metálicos que se pueden tocar) no será necesario medir la tensión de contacto aplicada pero sí la tensión de paso aplicada, siguiendo la misma metodología descrita anteriormente.

TITULACIÓN INSTALADOR DE INSTALACIONES DE ALTA TENSIÓN

Revisión: Febrero 2019

Los títulos de Formación Profesional que se relacionan a continuación presumen el cumplimiento del requisito establecido en el apartado 4.b) de la ITC-RAT-21 del Reglamento sobre condiciones técnicas y garantías de seguridad en instalaciones eléctricas de alta tensión, aprobado por Real Decreto 337/2014, de 9 de mayo.

- Montaje y Mantenimiento de redes eléctrica de alta tensión de segunda y tercera categoría y centros de transformación (Categoría AT1).

- Titulación simultánea de las titulaciones de Gestión y Supervisión del Montaje y Mantenimiento de Redes Eléctricas Subterráneas Alta Tensión de Segunda y Tercera Categoría de Centros de Transformación de Interior y Gestión y Supervisión del Montaje y Mantenimiento de Redes Eléctricas Aéreas de Alta Tensión de Segunda Categoría y Tercera Categoría y Centros de Transformación de Intemperie (Categoría AT1).

El listado de títulos anterior no es limitativo, y se actualizará debidamente a medida se incorporen nuevos títulos o certificados de profesionalidad, teniendo por objeto relacionar aquéllos de la Formación Profesional del Sistema Educativo impartidos hasta la fecha.

Este listado ha sido elaborado en base al programa formativo de cada una de las titulaciones, que incluyen los aspectos técnicos del Reglamento y ha sido acordado por la Conferencia Sectorial de Industria y de la PYME.